龙眼
种质资源图鉴

李建光　曾继吾　王　静　郭栋梁　韩冬梅　著

SPM 南方出版传媒
广东科技出版社 ｜ 全国优秀出版社
· 广　州 ·

图书在版编目（CIP）数据

龙眼种质资源图鉴 / 李建光等著． —广州：广东科技出版社，
2021.8

ISBN 978-7-5359-7632-1

Ⅰ．①龙…　Ⅱ．①李…　Ⅲ．①龙眼—种质资源—广州—
图集　Ⅳ．① S667.202.4-64

中国版本图书馆 CIP 数据核字（2021）第 069087 号

龙眼种质资源图鉴

出　版　人：朱文清
责任编辑：区燕宜　于　焦
封面设计：柳国雄
责任校对：杨峻松
责任印制：彭海波
出版发行：广东科技出版社
　　　　　（广州市环市东路水荫路 11 号　邮政编码：510075）
销售热线：020-37592148/37607413
http://www.gdstp.com.cn
E-mail: gdkjzbb@gdstp.com.cn
经　　销：广东新华发行集团股份有限公司
印　　刷：广州市东盛彩印有限公司
　　　　　（广州市增城区新塘镇太平十路二号　邮政编码：510700）
规　　格：889mm×1 194mm 1/16　印张 11.5　字数 230 千
版　　次：2021 年 8 月第 1 版
　　　　　2021 年 8 月第 1 次印刷
定　　价：98.00 元

如发现因印装质量问题影响阅读，请与广东科技出版社印制室联系调换（电话：020-37607272）。

　　龙眼是我国南方名贵特产水果，果实清甜可口，营养丰富，自古以来深受人们喜爱，人们更将其视为滋补珍品。龙眼除鲜食外，还可加工成桂圆肉、龙眼干、糖水罐头、果酱、饮料等多种商品性好、经济价值高的食品。焙制的桂圆肉有补心、益脾、养血安神之功效；龙眼花、果壳和根均可入药；龙眼树姿优美、花繁蜜多，是良好的蜜源植物和园林绿化树种。

　　龙眼原产于我国，属南亚热带果树，已有2 000多年的栽培历史，主要分布于广东、广西、福建、海南、四川、云南、台湾等省区，经过长期的自然选择和人工选择，形成了丰富的品种资源。龙眼是广东栽培面积较大、极具特色的岭南佳果之一，栽培面积仅次于荔枝、柑橘、香蕉，目前，全省已经形成了粤西的早熟产区、珠江三角洲的中熟产区和粤东的迟熟产区三大龙眼产区。近十多年来，龙眼种植面积虽略有下降，从2000年的最高峰15.7万公顷降到2019年的11.5万公顷，产量却有了实质性的飞跃，从2000年的34.7万吨上升到2019年的90.26万吨，龙眼产业在农业经济中占有重要的地位。龙眼种质资源丰富，科技工作者在龙眼资源调查、收集保存、品种选育和利用等方面做了大量工作。只有研究和掌握类型丰富、性状优良的龙眼种质资源，完善龙眼种质资源的评价及创新利用体系，才能持续选育出具有各种优良特性的新品种，丰富我国龙眼栽培品种，提高我国龙眼产品的质量和市场竞争力，促进龙眼产业持续健康发展。

　　1978—1983年，广东省农业科学院果树研究所组织开展了广东省龙眼资源调查，收集龙眼资源60多份，建立了广东省龙眼种质资源圃，并向国家果树种质龙眼圃提供了广东省的龙眼种质资源。广东省龙眼种质资源圃先后获广东省科技厅、广东省农业农村厅、广州市科技局等立项支持，该种质资源圃依托单位为广东省农业科学院果树研究所，占地面积1.67公顷，目前收集保存了广东、福建、广西、四川等省区的主栽品种，以及泰国、越南、澳大利亚的优稀种质资源150多份，为我省乃至华南地区龙眼种质资源创新等提供了丰富的材料。多年来，我们对各品种（株系）进行了系统观察，掌握了大量翔实的第一手资料。

我们历时多年到各产区拍摄图片，总结不同产地的龙眼种质资源研究成果，于2006年4月编著出版了《龙眼品种图谱》，该图谱着重介绍全国各大龙眼产区的主要栽培品种和少量栽培品种。为了向广大科技工作者和生产者介绍广东省龙眼资源圃品种资源概况，我们于2020年编写了《龙眼种质资源图鉴》，该图鉴直观、准确、真实地反映不同龙眼品种（品系）间的性状表现，希望对读者有所帮助。全书有选择地收录了龙眼品种（株系）共93个，既有传统的资源，也有实生优选单株及杂交优选单株，重点介绍其果实性状及在广州栽培的综合评价。

本书的写作过程中，得到潘学文、黄石连、李荣、陈道明、陈泽欣、张云雪、马静、王智海、吴家敏、罗震等人的大力支持和帮助，谨致谢意！

限于著者水平，本书疏漏和不妥之处在所难免，敬请读者批评指正。

著　者

2020年8月

目 录
Contents

1. 石硖

Shixia

主要性状

原产于广东南海。果穗长度 19 ～ 33 厘米，果穗宽度 13 ～ 25 厘米，穗果粒平均数 44。果实近圆形或扁圆形，果肩稍突起，果顶钝圆，均匀度稍差，果实纵径 × 横径 × 厚度为 2.41 厘米 ×2.68 厘米 ×2.32 厘米，单果重 8.28 克；果皮厚约 0.85 毫米，青褐色至黄褐色，表面较粗糙，龟状纹及放射纹不明显，瘤状突起较明显；果肉肉厚，约 5.14 毫米，黄白色，不透明，汁液少，表面不流汁，易离核，肉质爽脆，味浓甜，带蜜味，无香气，不易裂果，可食率 66.54%，可溶性固形物含量 21.7% ～ 24.2%。种子较小，红褐色，近圆形，种脐大，长椭圆形，种顶面观椭圆形，胎座束突起不明显，重 1.6 克。在广州成熟期为 7 月中下旬。

评 价

生长势较强，适应性广，丰产、稳产性好，果实较早熟，是品质极佳的鲜食品种。耐旱性较差，弱树春梢和花穗较易感鬼帚病。

结果状

花穗

开花状

果穗

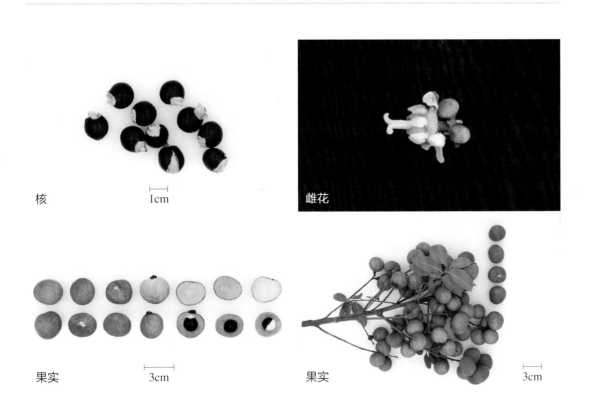

核 　　1cm

雌花

果实 　　3cm

果实 　　3cm

2. 储良

Chuliang

主要性状

原产于广东高州。果穗长度 22 ~ 28 厘米，果穗宽度 17 ~ 23 厘米，穗果粒平均数 20。果实扁圆形，果肩双肩耸起，果顶浑圆，大小均匀，果实纵径 × 横径 × 厚度为 2.66 厘米 ×2.89 厘米 ×2.55 厘米，单果重 13.86 克；果皮厚约 0.69 毫米，黄褐带绿色，表面平滑，龟状纹及放射纹不明显，瘤状突起不明显；果肉厚约 4.06 毫米，黄白色，不透明，汁液多，表面不流汁，易离核，肉质爽脆，味浓甜，无香气，不易裂果，可食率 70.09%，可溶性固形物含量 20.5% ~ 22.0%。种子较小，红褐色，不规则形，种脐大，不规则形，种顶面观不规则形，胎座束突起不明显，重 1.98 克。在广州成熟期为 8 月初。

评 价

生长势较强，较耐旱，丰产、稳产性较好，果实外观美，风味品质上等，综合商品性好，是优质的鲜食和制干品种。嫁接苗砧穗亲和性较差。

结果状

开花状

花穗

果穗

核 1cm

雌花

果实 3cm

果实 3cm

3. 古山二号

Gushan 2

主要性状

原产于广东揭阳。果穗长度 16～28 厘米，果穗宽度 15～29 厘米，穗果粒平均数 43。果实近扁圆形，果肩一边高一边低，果顶钝圆，大小均匀，果实纵径 × 横径 × 厚度为 2.61 厘米 × 2.81 厘米 × 2.48 厘米，单果重 10.72 克；果皮厚约 0.65 毫米，青褐色，表面较粗糙，龟状纹及瘤状突起明显，放射纹不明显；果肉肉厚，约 4.80 毫米，黄白色，半透明，表面不流汁，易离核，肉质爽脆，味甜，较易裂果，可食率 66.70%，可溶性固形物含量 17.9%～19.5%。种子红褐色，椭圆形，种脐中等大小，呈歪长方形，种顶面观椭圆形，胎座束突起条状，重 2.25 克。在广州成熟期为 7 月中旬。

评 价

生长势强，丰产、稳产性一般，果实较早熟，外观较美，风味品质中上，是优质的鲜食品种。

结果状

花穗

开花状

核　　1cm

雌花

果实　　3cm

果实　　3cm

4. 草铺种

Caopuzhong

主要性状

原产于广东潮安。果穗长度 16 ～ 30 厘米，果穗宽度 12 ～ 22 厘米，穗果粒平均数 33。果实近圆形，果肩平广，果顶浑圆，大小均匀，果实纵径 × 横径 × 厚度为 2.22 厘米 ×2.52 厘米 ×2.27 厘米，单果重 7.66 克；果皮厚约 0.64 毫米，青褐色，龟状纹不明显，放射纹和瘤状突起明显；果肉厚约 4.25 毫米，较薄，乳白色，半透明，表面不流汁，易离核，肉质软韧，味浓甜，不易裂果，可食率 64.80%，可溶性固形物含量 18.5% ～ 20.5%。种子红褐色，扁圆形，种脐较小，不规则形，种顶面观椭圆形，胎座束突起不明显，重 1.44 克。在广州成熟期为 8 月中旬。

评　价

生长势强，抗逆性强，丰产性好，产量高，果实中熟，品质中等，果实成熟后可留树上 10 ～ 15 天而不退糖。

结果状

开花状

花穗

果穗

核   1cm

雌花

果实   3cm

果实   3cm

5. 大乌圆

Dawuyuan

主要性状

原产于广西。果穗长度 23 ～ 29 厘米，果穗宽度 16 ～ 24 厘米，穗果粒平均数 24。果实侧扁圆形，果肩一边高一边低，果顶钝圆，大小均匀，果实纵径 × 横径 × 厚度为 2.95 厘米 ×2.90 厘米 ×2.64 厘米，单果重 13.74 克；果皮厚约 0.89 毫米，黄褐色，龟状纹不明显，瘤状突起和放射纹较明显；果肉肉厚，约 6.22 毫米，黄白色，半透明，汁液中等，表面稍流汁，易离核，肉质软韧，味甜偏淡，不易裂果，可食率 67.10%，可溶性固形物含量 18.7% ～ 19.3%。种子赤黑色，不规则形，种脐中等大小，不规则形，种顶面观不规则形，胎座束突起条状，重 2.08 克。在广州成熟期为 8 月初。

评　价

生长势强，丰产性好，抗鬼帚病能力较强，大小年结果较明显。果实大、肉厚，适宜罐藏及加工成龙眼干和龙眼肉；亦宜鲜食，品质中等。果实成熟后表面易有霉状物。

结果状

花穗

开花状

花穗

果穗

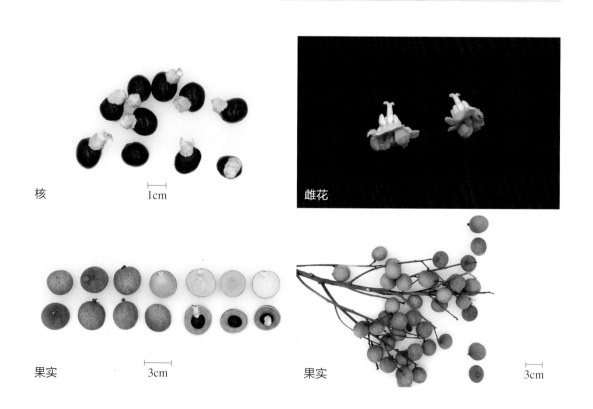

核　　　1cm

雌花

果实　　　3cm

果实　　　3cm

6. 凤梨朵

Fengliduo

主要性状

原产于广东潮州。果穗长度 37～48 厘米，果穗宽度 26～36 厘米，穗果粒平均数 77。果实侧扁圆形，果肩一边高一边低，果顶浑圆，大小均匀，果实纵径 × 横径 × 厚度为 2.14 厘米 ×2.31 厘米 ×2.14 厘米，单果重 7.00 克；果皮厚约 0.80 毫米，黄褐色，表面有较多白粉，龟状纹和放射纹明显；瘤状突起不明显；果肉厚约 4.05 毫米，黄白色，透明，汁液多，表面不流汁，易离核，肉质细嫩，化渣，味浓甜，不易裂果，可食率 65.85%，可溶性固形物含量 24.7%～26.5%。种子赤褐色，扁圆形，种脐小，不规则形，种顶面观椭圆形，胎座束突起不明显，重 1.41 克。在广州成熟期为 8 月上旬。

评　价

生长势中等，花穗长，坐果率高，丰产、稳产性强，果实偏小，品质上等，是优良的鲜食品种。嫁接苗砧穗亲和性差。

结果状

开花状

花穗

果穗

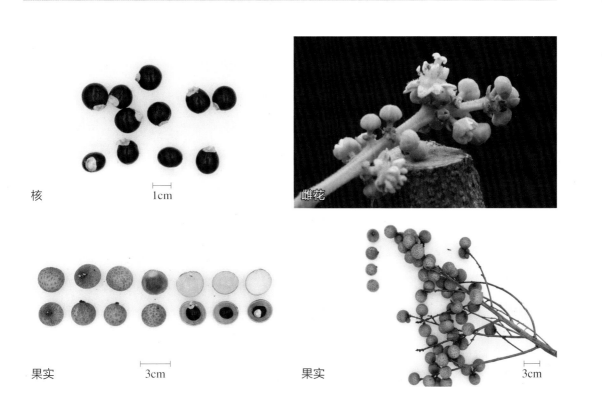

核　　　　　　1cm

雌花

果实　　　　3cm

果实　　　　3cm

7. 从化大个圆

Conghuadageyuan

主要性状

原产于广东从化。果穗长度 21～41 厘米，果穗宽度 17～19 厘米，穗果粒平均数 19。果穗整齐，果实近圆形或扁圆形，大小均匀，果肩、果顶钝圆，果实纵径 × 横径 × 厚度为 2.49 厘米 ×2.76 厘米 ×2.51 厘米，单果重 10.46 克；果皮厚约 0.69 毫米，黄褐色，龟状纹和放射纹明显，瘤状突起不明显；果肉肉厚，约 5.35 毫米，黄白色，不透明，表面稍流汁，汁液中等，易离核，肉质软韧，较化渣，味淡甜，不易裂果，可食率 64.85%，可溶性固形物含量 16.4%～19.8%。种子深红褐色，近圆形，种脐大，长椭圆形，种顶面观近圆形，胎座束突起不明显，重 1.86 克。在广州成熟期为 7 月中下旬。

评 价

生长势中等，丰产、稳产性强，果实早熟，美观，品质中等。

结果状

开花状

花穗

果穗

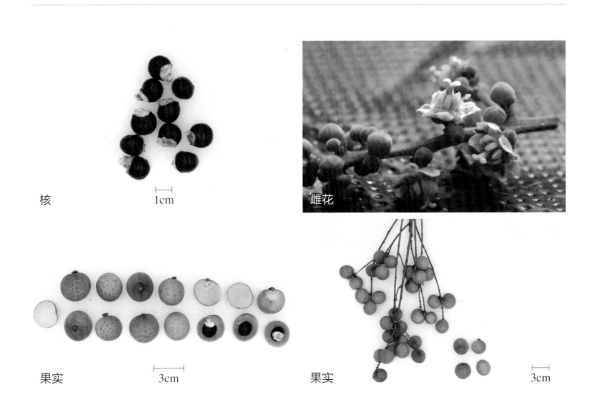

核 　1cm

雌花

果实 　3cm

果实 　3cm

8. 良圆

Liangyuan

主要性状

杂交优选单株。果穗长度 26～36 厘米，果穗宽度 18～22 厘米，穗果粒平均数 17。果实近圆形，果肩平广，果顶钝圆，大小均匀，果实纵径 × 横径 × 厚度为 3.10 厘米 ×3.08 厘米 ×2.83 厘米，单果重 16.08 克；果皮厚约 0.92 毫米，黄褐色，龟状纹不明显，瘤状突起不明显，放射纹不明显；果肉肉厚，约 4.96 毫米，黄白色，不透明，汁液中等，表面稍流汁，较易离核，肉质韧脆，化渣，味甜，可食率 64.93%，可溶性固形物含量 18.5%～21.3%。种子红色，扁圆形，种脐中等大小，椭圆形，种顶面观椭圆形，胎座束突起块状，重 2.75 克。在广州成熟期为 8 月上旬。

评　价

生长势强，成花较难，丰产性一般，果大，果实品质中上，适宜加工成龙眼干。

结果状

开花状

花穗

果穗

核 1cm

雌花

果实 3cm

果实 3cm

9. 广早

Guangzao

主要性状

为实生优选单株。果穗长度 26 ～ 34 厘米，果穗宽度 15 ～ 23 厘米，穗果粒平均数 35。果实扁圆形，果肩平广，果顶钝圆，果实中等大小，大小均匀，果实纵径 × 横径 × 厚度为 2.49 厘米 ×2.73 厘米 ×2.52 厘米，单果重 10.31 克；果皮厚约 0.70 毫米，青褐色，龟状纹较明显，瘤状突起较明显，放射纹不明显；果肉厚约 4.81 毫米，黄白色，不透明，汁液中等，表面稍流汁，易离核，肉质稍脆，化渣，味甜，不易裂果，可食率 66.50%，可溶性固形物含量 19.3% ～ 21.7%。种子红褐色，不规则形，种脐中等大小，长椭圆形，种顶面观不规则形，胎座束突起不明显，重 1.86 克。在广州成熟期为 7 月上旬。

评 价

生长势中等，丰产性较好，嫁接亲和性稍差，果实特早熟，品质中上，为鲜食良种。

结果状

母树

花穗

果穗

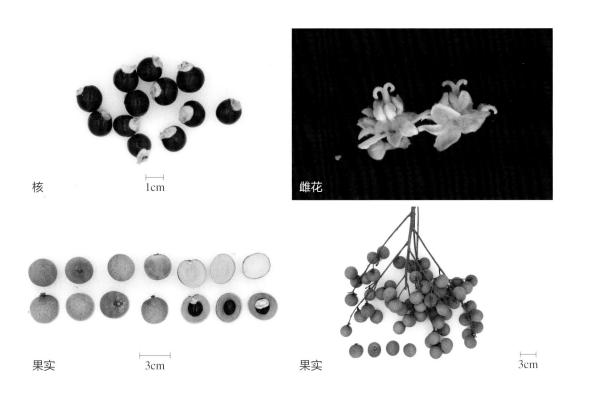

核 |—— 1cm

雌花

果实 |—— 3cm

果实 |—— 3cm

10. 双孖木

Shuangmamu

原产于广东高州。果穗长度 24～33 厘米，果穗宽度 19～23 厘米，穗果粒平均数 37。果实心脏形，果肩两边耸起，果顶浑圆，大小均匀，果实纵径 × 横径 × 厚度为 2.58 厘米 ×2.73 厘米 ×2.47 厘米，单果重 12.77 克；果皮厚约 0.73 毫米，黄褐色，表面粗糙，龟状纹不明显，瘤状突起和放射纹较明显；果肉厚约 3.65 毫米，黄白色，半透明，表面不流汁，易离核，肉质韧脆，略带渣，汁液较多，味浓甜，带淡淡的特殊香味，不易裂果，可食率 71.76%，可溶性固形物含量 22.2%～26.0%。种子椭圆形，赤褐色，种脐小，不规则形，种顶面观椭圆形，胎座束突起条状，重 1.83 克。在广州成熟期为 8 月上旬。

评 价

生长势中等，适应性广，丰产、稳产性较好，果实外观较好，风味品质上等，果肉稍有青草味，是优质的鲜食和加工品种。较耐贫瘠，果实成熟后未及时采收时易脱落。

结果状

开花状

花穗

果穗

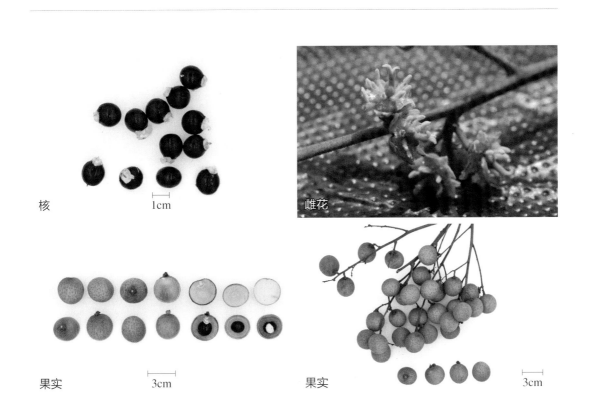

核　　　　1cm

雌花

果实　　　3cm

果实　　　3cm

11. 宴中龙眼

Yanzhong Longyan

主要性状

原产于广东台山。果穗长度28～38厘米，果穗宽度12～24厘米，穗果粒平均数41。果实近圆形，果肩平广，果顶钝圆，果实小，大小均匀，果实纵径×横径×厚度为2.33厘米×2.56厘米×2.32厘米，单果重8.51克；果皮厚约0.55毫米，青褐色，龟状纹不明显，瘤状突起明显，放射纹明显；果肉厚约4.27毫米，黄白色，半透明，汁液多，表面稍流汁，易离核，肉质软韧，化渣，味淡甜，不易裂果，可食率69.38%，可溶性固形物含量17.8%～18.8%。种子赤褐色，近圆形，种脐大，长椭圆形，种顶面观椭圆形，胎座束突起不明显，重1.34克。在广州成熟期为7月中旬。

评价

生长势较强，丰产、稳产，果穗成穗性好，果实早熟，外观好，品质中上。

结果状

花穗

开花状

果穗

核

雌花

果实

3cm

果实

3cm

12. 赐合种

Cihezhong

主要性状

原产于广东揭阳。果穗长度 27 ～ 45 厘米，果穗宽度 13 ～ 27 厘米，穗果粒平均数 52。果实着生稀疏，扁圆形，果肩一边高一边低，果顶浑圆，大小均匀，果实纵径 × 横径 × 厚度为 2.60 厘米 ×2.80 厘米 ×2.48 厘米，果重 11.34 克；果皮厚约 0.67 毫米，黄褐色，龟状纹及放射纹较明显，瘤状突起不明显；果肉厚约 4.01 毫米，乳白色，半透明，汁液较多，表面不流汁，易离核，肉质软韧，较化渣，味甜，较易裂果，果实可食率 65.05%，可溶性固形物含量 19.2% ～ 21.0%。种子赤褐色，不规则形，种脐中等大小，不规则形，种顶面观不规则形，胎座束突起不明显，重 2.2 克。在广州成熟期为 7 月底。

评 价

生长势较强，丰产性强，较稳产，果实品质中上，在广州适应性较好。

结果状

开花状

花穗

果穗

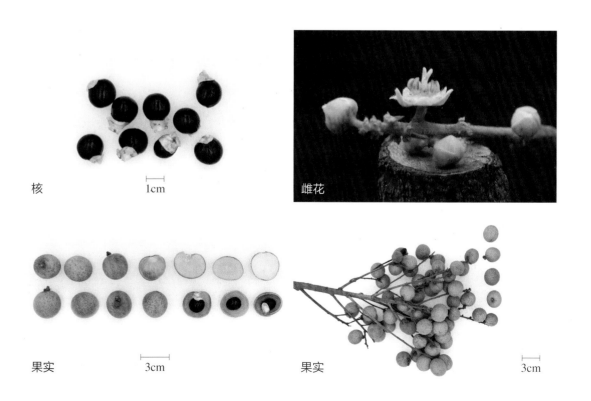

核 1cm

雌花

果实 3cm

果实 3cm

13. 顶圆

Dingyuan

主要性状

原产于广东深圳。果穗长度 24 ～ 32 厘米，果穗宽度 16 ～ 24 厘米，穗果粒平均数 31。果实近圆形，果肩平广，果顶钝圆，大小均匀，果实纵径 × 横径 × 厚度为 2.57 厘米 ×2.67 厘米 ×2.45 厘米，单果重 10.57 克；果皮厚约 0.75 毫米，黄白色，较平滑，龟状纹及放射纹较明显，瘤状突起不明显；果肉厚约 4.49 毫米，乳白色，半透明，汁液多，表面稍流汁，易离核，肉质软韧，较化渣，味浓甜，不易裂果，可食率 63.00%，可溶性固形物含量 21.2% ～ 23.6%。种子红褐色，不规则形，种脐中等大小，椭圆形，种顶面观不规则形，胎座束突起不明显，重 2.05 克。在广州成熟期为 7 月底。

评价

生长势中等，丰产、稳产性一般，果实较早熟，品质上等，可食率稍低，易感鬼帚病。

结果状

开花状

花穗

果穗

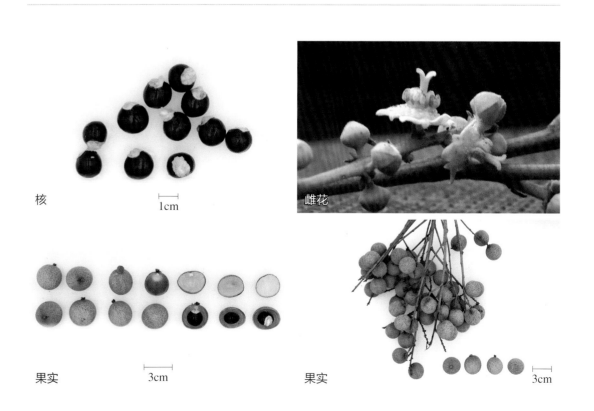

核　　　　　　　　1cm

雌花

果实　　　　　　　3cm

果实　　　　　　　　　　　3cm

14. 顺德十叶

Shunde shiye

主要性状

原产于广东顺德。果穗长度 20～30 厘米，果穗宽度 12～16 厘米，穗果粒平均数 41。果实侧扁圆形，果肩平广，果顶钝圆，大小果严重，果实纵径 × 横径 × 厚度为 2.25 厘米 ×2.49 厘米 ×2.16 厘米，单果重 7.07 克；果皮较厚，约 1.11 毫米，赤褐色，龟状纹不明显，瘤状突起不明显，放射纹不明显；果肉厚约 4.31 毫米，乳白色，不透明，汁液中等，表面不流汁，易离核，肉质爽脆，化渣，味甜带蜜味，无香气，不易裂果，可食率 57.11%，可溶性固形物含量 19.9%～22.7%。种子中等大小，扁圆形，红褐色，种脐中等大小，椭圆形，种顶面观不规则形，胎座束突起不明显，重 1.28 克。在广州成熟期为 7 月下旬。

评 价

生长势弱，丰产、稳产性较好，果实偏小，品质上等，口感好。

结果状

开花状

花穗

果穗

核

1cm

雌花

果实

3cm

果实

3cm

15. 鸡卵眼

Jiluanyan

主要性状

原产于广东高州。果穗长度 31 ～ 37 厘米，果穗宽度 17 ～ 25 厘米，穗果粒平均数 31。果实扁圆形，果肩双肩耸起，果顶浑圆，大小均匀，果实纵径 × 横径 × 厚度为 2.47 厘米 ×2.70 厘米 ×2.41 厘米，单果重 10.35 克；果皮厚约 0.92 毫米，黄褐色，龟状纹明显，瘤状突起较明显，放射纹不明显；果肉厚约 3.46 毫米，黄白色，透明，汁液多，表面流汁，易离核，肉质韧脆，较化渣，味清甜，略带草青味，可食率 60.63%，可溶性固形物含量 15.4% ～ 21.4%。种子大，赤褐色，不规则形，种脐中等大小，不规则形，种顶面观不规则形，胎座束突起不明显，重 2.1 克。在广州成熟期为 8 月初。

评价

生长势强，丰产、稳产性好，果实品质中上，可食率偏低。

结果状

开花状

花穗

果穗

核 1cm

雌花

果实 3cm

果实 3cm

16. 驼背木

Tuobeimu

主要性状

原产于广东高州。果穗长度 34～46 厘米，果穗宽度 15～21 厘米，穗果粒平均数 23。果实小，侧扁圆形，果肩平广，果顶钝圆，大小均匀，果实纵径×横径×厚度为 2.52 厘米×2.45 厘米×2.24 厘米，单果重 8.82 克；果皮厚约 0.77 毫米，深黄褐色带绿色，龟状纹不明显，瘤状突起不明显，放射纹较明显；果肉厚约 4.51 毫米，乳白色，半透明，汁液中等，表面稍流汁，易离核，肉质韧脆，化渣，味浓甜，有淡酒香味，不易裂果，可食率 58.80%，可溶性固形物含量 23.1%～25.3%。种子赤褐色，扁圆形，种脐中等大小，不规则形，种顶面观椭圆形，胎座束突起不明显，重 1.85 克。在广州成熟期为 8 月中下旬。

评价

生长势较弱，丰产、稳产性一般，果穗长，果实美观，含糖高，品质上等，有特殊香气，是鲜食良种。果实成熟后留在树上较长时间不退糖。

结果状

花穗

开花状

果穗

核 | 1cm

雌花

果实 | 3cm

果实 | 3cm

17. 水眼

Shuiyan

主要性状

原产于广东中山。果穗长度 16～32 厘米，果穗宽度 14～22 厘米，穗果粒平均数 35。果实近圆形，果肩平广，果顶钝圆，大小均匀，果实纵径×横径×厚度为 2.46 厘米×2.60 厘米×2.45 厘米，单果重 10.05 克；果皮厚约 0.60 毫米，黄褐色微带绿色，较平滑，龟状纹和瘤状突起较明显，放射纹较明显；果肉厚约 4.70 毫米，黄白色，半透明，汁液多，表面流汁，易离核，肉质软韧，较化渣，味淡甜，可食率 68.65%，可溶性固形物含量 15.8%～18.2%。种子红褐色，近圆形，种脐小，长椭圆形，种顶面观近圆形，胎座束突起不明显，重 1.81 克。在广州成熟期为 7 月下旬。

评 价

生长势较强，丰产、稳产性较好，果实美观，品质中等，适宜鲜食或加工，种子大，适宜作砧木种子。

结果状

开花状

花穗

果穗

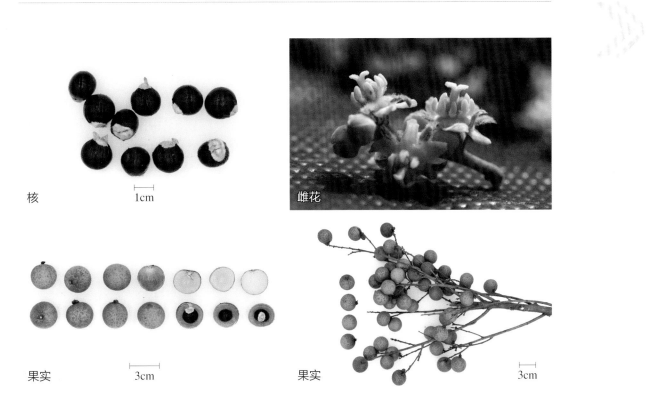

核

1cm

雌花

果实

3cm

果实

3cm

18. 红核

Honghe

主要性状

原产于广东高州。果穗长度 20～36 厘米，果穗宽度 13～23 厘米，穗果粒平均数 38。果实近圆形略扁，果肩平，果顶浑圆，大小不均匀，果实纵径 × 横径 × 厚度为 2.24 厘米 ×2.34 厘米 ×2.24 厘米，单果重 8.72 克；果皮厚约 0.59 毫米，青褐色，龟状纹不明显，瘤状突起明显，放射纹较明显；果肉厚约 4.26 毫米，乳白色，透明，汁液多，表面稍流汁，易离核，肉质软韧，化渣，味浓甜，可食率 63.03%，可溶性固形物含量 22.7%～24.7%。种子红褐色，近圆形，种脐大，不规则形，种顶面观近圆形，胎座束突起不明显，重 1.62 克。在广州成熟期为 8 月上中旬。

评 价

生长势强，丰产、稳产性较好，果肉含糖高，品质上等。果实经常会出现种子败育现象，果小，无核或极小核。

结果状

花穗

开花状

果穗

核 　　1cm

雌花

果实 　　3cm

果实 　　3cm

19. 白花木

Baihuamu

主要性状

原产于广东高州。果穗长度 36 ～ 50 厘米，果穗宽度 17 ～ 27 厘米，穗果粒平均数 47。果实近圆形，果肩平，果顶浑圆，果实纵径 × 横径 × 厚度为 2.20 厘米 × 2.37 厘米 × 2.31 厘米，单果重 7.95 克；果皮厚约 0.65 毫米，薄，淡黄褐色，龟状纹稍明显，瘤状突起不明显，放射纹较明显；果肉较薄，约 3.00 毫米，黄白色，半透明，汁液多，表面流汁，易离核，肉质软韧，较化渣，味浓甜，有草青味，可食率 59.89%，可溶性固形物含量 22.6% ～ 25.6%。种子赤褐色，扁圆形，种脐中等大小，椭圆形，种顶面观椭圆形，胎座束突起条状，重 1.8 克。在广州成熟期为 8 月上旬。

评价

生长势较强，丰产、稳产性好，果实品质上等，可食率较低。

结果状

开花状

花穗

果穗

核

1cm

果实

3cm

雌花

果实

3cm

20. 迟龙眼

Chilongyan

主要性状

原产于广东中山。果穗长度 22 ～ 38 厘米，果穗宽度 13 ～ 19 厘米，穗果粒平均数 16。果实歪长圆形，果肩平广，果顶钝圆，果实纵径 × 横径 × 厚度为 2.52 厘米 ×2.60 厘米 ×2.36 厘米，单果重 9.30 克；果皮厚约 0.78 毫米，灰黄褐色，龟状纹较明显，瘤状突起明显，放射纹明显；果肉肉厚，约 5.28 毫米，黄白色，半透明，汁液中等，表面稍流汁，肉质韧脆，化渣，味淡甜，不易裂果，可食率 65.13%，可溶性固形物含量 15.0% ～ 17.2%。种子红褐色，扁圆形，种脐小，不规则形，种顶面观椭圆形，重 1.71 克。在广州成熟期为 7 月下旬。

评　价

生长势较弱，丰产、稳产性一般，果实中迟熟，品质中下。

结果状

果穗

核 | 1cm

雌花

果实 | 3cm

果实 | 3cm

21. 河洞广眼

Hedongguangyan

主要性状

原产于广东高州。果穗长度 30～42 厘米，果穗宽度 15～23 厘米，穗果粒平均数 29。果实近圆形，果肩宽平，果顶浑圆，果实纵径 × 横径 × 厚度为 2.15 厘米 ×2.36 厘米 ×2.28 厘米，单果重 8.63 克；果皮厚约 0.63 毫米，黄褐色，龟状纹较明显，瘤状突起明显，放射纹较明显；果肉厚约 4.03 毫米，乳白色，不透明，汁液多，表面不流汁，易离核，肉质爽脆，化渣，味浓甜，酒香味很浓，可食率 66.8%，可溶性固形物含量 23.9%～24.9%。种子红褐色，近圆形，种脐中等大小，近圆形，种顶面观椭圆形，胎座束突起块状，重 1.41 克。在广州成熟期为 8 月中旬。

评 价

生长势中等，丰产、稳产性一般，果实品质上等。

结果状

开花状

果穗

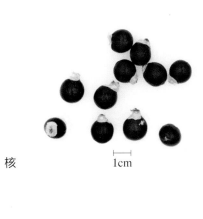
核

1cm

雌花

果实

3cm

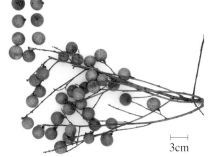
果实

3cm

22. 华路广眼

Hualuguangyan

主要性状

原产于广东高州。果穗长度28～40厘米，果穗宽度19～25厘米，穗果粒平均数38。果实近圆形略扁，果粉较多，果肩平，果顶浑圆，大小均匀，果实纵径×横径×厚度为2.48厘米×2.62厘米×2.40厘米，单果重10.42克；果皮厚约0.60毫米，黄白色，龟状纹明显，瘤状突起明显，放射纹不明显；果肉较薄，约3.24毫米，乳白色，半透明，汁液多，表面稍流汁，易离核，肉质软韧，不化渣，味淡甜，可食率61.01%，可溶性固形物含量17.5%～20.5%。种子赤褐色，长椭圆形，种脐小，椭圆形，种顶面观椭圆形，胎座束突起不明显，重2.49克。在广州成熟期为7月底。

评 价

生长势较强，丰产、稳产性好，果穗成穗性较好，果实美观，品质中上。

结果状

开花状

花穗

核 |—| 1cm

雌花

果实 |—| 3cm

果实 |—| 3cm

23. 鸡肾眼

Jishenyan

主要性状

原产于广东高州。果穗长度 33 ～ 45 厘米，果穗宽度 18 ～ 30 厘米，穗果粒平均数 42。果实近圆形，果肩平，果顶浑圆，大小均匀，果实纵径 × 横径 × 厚度为 2.46 厘米 ×2.65 厘米 ×2.36 厘米，单果重 9.21 克；果皮厚约 0.69 毫米，黄褐色，龟裂纹明显，瘤状突起明显，放射纹不明显；果肉厚约 4.29 毫米，乳白色，透明，汁液少，表面稍流汁，较易离核，肉质韧脆，较化渣，味浓甜，不易裂果，可食率 62.63%，可溶性固形物含量 24.0% ～ 25.6%。种子赤褐色，侧扁圆形，种脐小，不规则形，种顶面观椭圆形，胎座束突起块状，重 1.97 克。在广州成熟期为 8 月上旬。

评 价

生长势中等，丰产、稳产性较好，果穗长，果肉含糖高，品质上等。

结果状

开花状

花穗

果穗

核　1cm

雌花

果实　3cm

果实　3cm

24. 罗伞木

Luosanmu

主要性状

原产于广东高州。果穗长度 22 ～ 34 厘米，果穗宽度 15 ～ 21 厘米，穗果粒平均数 30。果实近圆形，果肩平，果顶钝圆，大小均匀，果实纵径 × 横径 × 厚度为 2.47 厘米 ×2.75 厘米 ×2.54 厘米，单果重 11.64 克；果皮厚约 0.65 毫米，黄褐色，龟状纹明显，瘤状突起不明显，放射纹不明显；果肉厚约 4.15 毫米，黄白色，半透明，表面流汁，汁液量多，易离核，肉质软韧，化渣，清甜，可食率 64.16%，可溶性固形物含量 19.7% ～ 22.1%。种子红色，扁圆形，种脐小，不规则形，种顶面观不规则形，胎座束突起块状，重 2.06 克。在广州成熟期为 7 月下旬。

评 价

生长势中等，丰产、稳产性好，果实美观，品质中等。

结果状

开花状

花穗

果穗

核 1cm

雌花

果实 3cm

果实 3cm

25．沙梨木

Shalimu

主要性状

原产于广东高州。果穗长度 30～38 厘米，果穗宽度 16～22 厘米，穗果粒平均数 30。果实小，近圆形，果肩平，果顶浑圆，大小均匀，果实纵径 × 横径 × 厚度为 2.43 厘米 ×2.55 厘米 ×2.37 厘米，单果重 8.88 克；果皮厚约 0.65 毫米，黄褐色，龟状纹明显，瘤状突起不明显，放射纹不明显；果肉较薄，约 3.17 毫米，乳白色，半透明，汁液少，表面不流汁，较易离核，肉质软韧，较化渣，味清甜，可食率 59.39%，可溶性固形物含量 21.1%～23.1%。种子赤褐色，不规则形，种脐中等大小，不规则形，种顶面观不规则形，胎座束突起不明显，重 2.26 克。在广州成熟期为 8 月上旬。

评　价

生长势中强，成花结果能力强，丰产、稳产性好，果穗长，果实品质上等，有特殊香气，可食率偏低。

结果状

开花状

花穗

果穗

核　　　　　　1cm

雌花

果实　　　　　3cm

果实　　　　　3cm

26. 沙梨肉

Shalirou

主要性状

原产于广东高州。果穗长度 14 ～ 30 厘米，果穗宽度 15 ～ 21 厘米，穗果粒平均数 35。果实近圆形，果肩平广，果顶浑圆，大小均匀，果实纵径 × 横径 × 厚度为 2.41 厘米 ×2.64 厘米 ×2.43 厘米，单果重 9.77 克；果皮厚约 0.74 毫米，灰黄褐色，龟状纹明显，瘤状突起较明显，放射纹较明显；果肉厚约 3.91 毫米，黄白色，半透明，汁液量中等，表面不流汁，易离核，肉质韧脆，化渣，味浓甜，可食率 64.43%，可溶性固形物含量 18.6% ～ 19.6%。种子赤褐色，扁圆形，种脐中等大小，不规则形，种顶面观椭圆形，胎座束突起条状，重 1.99 克。在广州成熟期为 8 月初。

评 价

生长势中等，丰产、稳产性一般，果实品质中等。

结果状

开花状

花穗

果穗

核　　1cm

雌花

果实　　3cm

果实　　3cm

27. 旺高堂广眼

Wanggaotangguangyan

原产于广东高州。果穗长度 18～24 厘米，果穗宽度 14～18 厘米，穗果粒平均数 24。果实大，近圆形，果肩平，果顶钝圆，大小均匀，果实纵径 × 横径 × 厚度为 2.80 厘米 ×2.88 厘米 ×2.75 厘米，单果重 13.05 克；果皮厚约 0.72 毫米，黄褐色，龟状纹不明显，瘤状突起较明显，放射纹较明显；果肉肉厚，约 6.69 毫米，乳白色，半透明，汁液多，表面不流汁，易离核，肉质软韧，化渣，味淡甜，不易裂果，可食率 73.27%，可溶性固形物含量 10.9%～14.9%。种子小，赤褐色，不规则形，种脐小，不规则形，种顶面观不规则形，胎座束突起不明显，重 1.64 克。在广州成熟期为 7 月下旬。

评 价

生长势较强，产量低，果实大，品质中下，常用作育种材料。

结果状

开花状

花穗

果穗

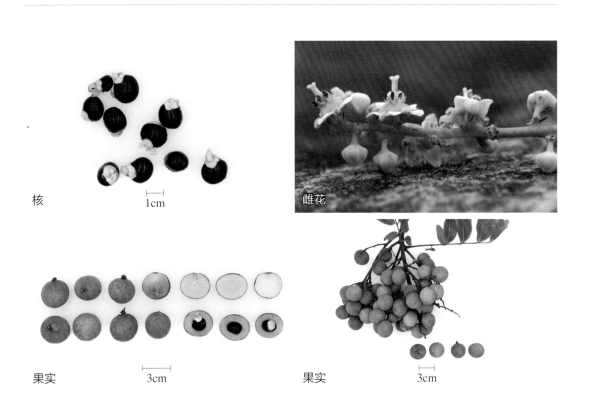

核　　1cm

雌花

果实　　3cm

果实　　3cm

28. 新滘乌圆

Xinjiaowuyuan

主要性状

原产于广东广州。果穗长度 22～36 厘米，果穗宽度 17～27 厘米，穗果粒平均数 39。果实近圆形，果肩平广，果顶钝圆，果实小，大小均匀，果实纵径 × 横径 × 厚度为 2.45 厘米 ×2.70 厘米 ×2.48 厘米，单果重 10.03 克；果皮厚约 0.87 毫米，黄褐色，龟状纹明显，瘤状突起较明显，放射纹不明显；果肉厚约 4.78 毫米，黄白色，半透明，汁液多，表面稍流汁，易离核，肉质软韧，化渣，味淡甜，不易裂果，可食率 63.66%，可溶性固形物含量 16.6%～19.8%。种子红褐色，扁圆形，种脐中等大小，椭圆形，种顶面观椭圆形，重 1.9 克。在广州成熟期为 7 月底。

评　价

生长势中等，丰产性较好，果穗成穗性好，果实中熟，外观好，品质中等。

结果状

开花状

花穗

果穗

核 1cm

雌花

果实 3cm

果实 3cm

29. 新滘一号

Xinjiao 1

主要性状

原产于广东广州。果穗长度 22 ～ 34 厘米，果穗宽度 17 ～ 21 厘米，穗果粒平均数 36。果实近圆形，果肩平广，果顶浑圆，大小均匀，果实纵径 × 横径 × 厚度为 2.33 厘米 ×2.54 厘米 ×2.35 厘米，单果重 8.54 克；果皮厚约 0.69 毫米，黄褐色，龟状纹不明显，瘤状突起明显，放射纹不明显；果肉厚约 3.58 毫米，乳白色，半透明，汁液多，表面不流汁，易离核，肉质韧脆，较化渣，味甜，不易裂果，可食率 62.28%，可溶性固形物含量 18.8% ～ 22.0%。种子赤褐色，扁圆形，种脐中等大小，不规则形，种顶面观不规则形，胎座束突起条状，重 1.72 克。在广州成熟期为 8 月初。

评 价

生长势中等，丰产性一般，果实品质中上，中熟。

结果状

开花状

花穗

果穗

核　1cm

雌花

果实　3cm

果实　3cm

30. 东莞大果

Dongguandaguo

主要性状

原产于广东东莞。果穗长度 32～38 厘米，果穗宽度 19～25 厘米，穗果粒平均数 27。果实侧扁圆形，果肩一边高一遍低，果顶钝圆，大小均匀，果实纵径 × 横径 × 厚度为 2.46 厘米 ×2.75 厘米 ×2.58 厘米，单果重 11.39 克；果皮厚约 0.65 毫米，黄褐色，龟状纹较明显，瘤状突起不明显，放射纹明显；果肉肉厚，约 5.84 毫米，黄白色，不透明，汁液极多，表面稍流汁，较易离核，肉质软韧，较化渣，味淡甜，可食率 70.68%，可溶性固形物含量 16.6%～17.2%。种子较小，红褐色，扁圆形，种脐中等大小，长椭圆形，种顶面观椭圆形，胎座束突起不明显，重 1.5 克。在广州成熟期为 7 月上中旬。

评　价

生长势较强，较丰产、稳产，果穗成穗性较好，果实淡甜，品质中下。

结果状

开花状

花穗

果穗

核   1cm

雌花

果实   3cm

果实   3cm

31. 福眼

Fuyan

主要性状

原产于福建泉州。果穗长度 19～39 厘米，果穗宽度 14～20 厘米，穗果粒平均数 51。果实近圆形，果肩平广，果顶浑圆，大小均匀，果实纵径 × 横径 × 厚度为 2.63 厘米 ×2.78 厘米 ×2.64 厘米，单果重 12.35 克；果皮厚约 0.47 毫米，较薄，黄褐色，龟状纹不明显，瘤状突起和放射纹较明显；果肉厚约 4.27 毫米，黄白色，半透明，汁液多，表面流汁，易离核，肉质韧脆，味淡甜，无香气，较易裂果，可食率为 70.67%，可溶性固形物含量 15.0%～18.6%。种子赤褐色，呈不规则形，种脐中等大小，呈椭圆形，种顶面观不规则形，胎座束突起不明显，重 2.1 克。在广州成熟期为 7 月底。

评 价

生长势强，较抗鬼帚病，在广州成花结果较差，鲜食味偏淡，果实品质中等，大小年结果现象较明显。

结果状

开花状

果穗

花穗

核　　　　　　　1cm

雌花

果实　　　　　　3cm

果实　　　　　　3cm

32. 赤壳

Chike

主要性状

原产于福建厦门。果穗长度 14 ～ 20 厘米，果穗宽度 14 ～ 20 厘米，穗果粒平均数 27。果实偏扁圆形，果肩平广，果顶钝圆，大小均匀，果实纵径 × 横径 × 厚度为 2.72 厘米 ×2.93 厘米 ×2.69 厘米，单果重 13.43 克，大年果穗着果多，果实大小均匀，小年果穗着果少，且果实大小不一；果皮厚约 0.80 毫米，赤褐色，龟状纹不明显，瘤状突起和放射纹较明显；果肉肉厚，约 4.95 毫米，乳白色，半透明，汁液多，表面稍流汁，易离核，肉质软韧，味甜偏淡，无香气，不易裂果，可食率 64.05%，可溶性固形物含量 14.2% ～ 16.6%。种子红褐色，扁圆形，种脐较小，长椭圆形，种顶面观椭圆形，胎座束突起不明显，种子重 2.6 克。在广州成熟期为 7 月中下旬。

评 价

生长势强，耐旱力强，抗鬼帚病能力中等，产量较高，果穗成穗性较好，果实大，品质中下，大小年结果明显。

结果状

花穗

果穗

核

1cm

雌花

果实

3cm

果实

3cm

33. 乌龙岭

Wulongling

主要性状

原产于福建仙游。果穗长度17～25厘米，果穗宽度15～19厘米，穗果粒平均数40。果实近圆形，果肩下斜，果顶浑圆，大小均匀，果实纵径×横径×厚度为2.80厘米×2.84厘米×2.71厘米，单果重13.68克；果皮厚约0.96毫米，黄褐色，果面平滑，龟状纹较不明显，瘤状突起不明显；果肉肉厚，约5.30毫米，黄白色，半透明，汁液多，表面流汁，不易离核，肉质软韧，味甜，无香气，不易裂果，可食率60.87%，可溶性固形物含量18.0%～23.6%。种子赤黑色，扁圆形，种脐中等大小，不规则形，种顶面观椭圆形，胎座束突起块状，重2.7克。在广州成熟期为8月初。

评　价

生长势较强，产量高，果大，在广州表现丰产、稳产。宜鲜食，果实品质上等，皮较厚，种子大，可食率偏低。

结果状

开花状

果穗

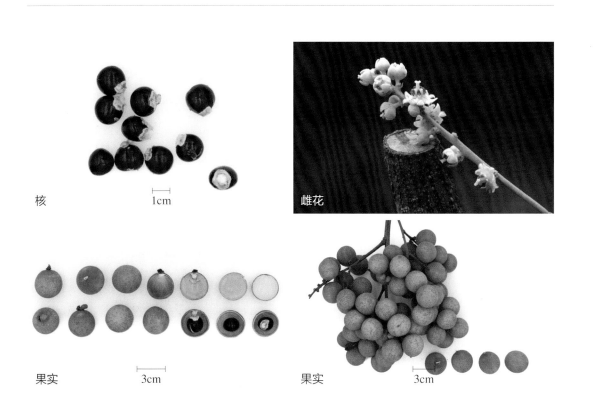

核　　1cm

雌花

果实　　3cm

果实　　3cm

34. 普明庵

Pumingan

原产于福建莆田。果穗长度 10～22 厘米，果穗宽度 11～15 厘米，穗果粒平均数 28。果实近扁圆形，果肩下斜，果顶浑圆，大小均匀，果实纵径 × 横径 × 厚度为 2.75 厘米 ×2.80 厘米 ×2.71 厘米，单果重 12.39 克；果皮厚约 0.84 毫米，青褐色，皮薄，龟状纹与放射纹稍明显，瘤状突起不明显；果肉肉厚，约 5.08 毫米，乳白色，半透明，汁液多，表面稍流汁，难离核，肉质软韧，味清甜，不易裂果，可食率为 66.56%，可溶性固形物含量 15.0%～23.0%。种子赤褐色，扁圆形，种脐中等大小，呈不规则形，种顶面观椭圆形，胎座束突起块状，重 1.91 克。在广州成熟期为 8 月下旬至 9 月上旬。

生长势中等，丰产性一般，易感鬼帚病，果实品质中上，迟熟。

结果状

开花状

花穗

果穗

核　　　　　　1cm

雌花

果实　　　　　3cm

果实　　　　　3cm

35. 松风本

Songfengben

主要性状

原产于福建莆田。果穗长度 25～43 厘米，果穗宽度 21～25 厘米，穗果粒平均数 31，果穗大，成穗率高。果实扁圆形，果肩双肩耸起，果顶浑圆，大小均匀，果实纵径 × 横径 × 厚度为 2.55 厘米 ×2.78 厘米 ×2.44 厘米，单果重 10.70 克；果皮厚约 0.80 毫米，青褐色，龟状纹与放射纹较明显，瘤状突起明显；果肉厚约 3.64 毫米，黄白色，半透明，汁液多，表面不流汁，较易离核，肉质爽脆，味浓甜，不易裂果，可食率 65.00%，可溶性固形物含量 22.8%～24.8%。种子赤黑色，扁圆形，种脐中等大小，呈不规则形，种顶面观椭圆形，胎座束突起块状，重 2.07 克。在广州成熟期为 8 月上旬。

评 价

生长势中强，早结性好，丰产、稳产，不易感染鬼帚病。果大质优，退糖慢且耐贮运，是理想的鲜食中熟品种。

结果状

开花状

花穗

果穗

核
1cm

雌花

果实
3cm

果实
3cm

36. 东壁

Dongbi

主要性状

原产于福建泉州。果穗长度 14 ～ 24 厘米，果穗宽度 14 ～ 18 厘米，穗果粒平均数 13。果实偏扁圆形，果肩平广，果顶钝圆，大小均匀，果实纵径 × 横径 × 厚度为 2.82 厘米 ×2.72 厘米 ×2.57 厘米，单果重 11.25 克；果皮厚约 1.14 毫米，黄褐色带灰色，具有明显的黄白色虎斑纹，较规则地从果基向顶部延伸，为本品种的主要特征，放射纹明显，龟状纹及瘤状突起不明显；果肉肉厚，约 5.30 毫米，黄白色，半透明，汁液较多，表面稍流汁，易离核，肉质韧脆，浓甜带蜜味，无香气，不易裂果，可食率为 57.93%，可溶性固形物含量 17.6% ～ 23.4%。种子赤褐色，扁圆形，种脐大，呈椭圆形，种顶面观椭圆形，胎座束突起块状，重 1.85 克。在广州成熟期为 8 月初。

评　价

生长势较强，丰产性一般，有大小年结果现象，果实品质中等，抗鬼帚病较差。

结果状

开花状

花穗

果穗

核 | 1cm

雌花

果实 | 3cm

果实 | 3cm

37. 八一早

Bayizao

主要性状

原产于福建同安。果穗长度 25～41 厘米，果穗宽度 14～22 厘米，穗果粒平均数 32。大年果实大小均匀，小年果实大小不一，果实心脏形，果肩双肩耸起，果顶浑圆，果实纵径 × 横径 × 厚度为 2.71 厘米 ×3.03 厘米 ×2.67 厘米，单果重 13.47 克；果皮厚约 0.86 毫米，黄褐色，龟状纹、放射纹和瘤状突起不明显；果肉肉厚，约 6.13 毫米，乳白色，半透明，汁液多，表面流汁，易离核，肉质软韧，化渣，味甜稍淡，不易裂果，可食率 65.95%，可溶性固形物含量 12.0%～16.0%。种子赤褐色，扁圆形，种脐大，不规则形，种顶面观不规则形，胎座束突起条状，重 2.21 克。在广州成熟期为 8 月初。

评价

生长势较强，果较大，丰产性一般，有大小年结果现象，果实中熟，外观好，品质较差。

结果状

开花状

果穗

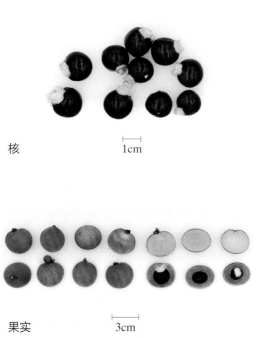

核　　　　　　　　1cm

雌花

果实　　　　　　　　3cm

果实　　　　　　　　3cm

38. 水南1号

Shuinan 1

主要性状

原产于福建莆田。果穗长度 21 ～ 31 厘米，果穗宽度 13 ～ 21 厘米，穗果粒平均数 24。果实近圆形，果肩平广，果顶钝圆，大小均匀，果实纵径 × 横径 × 厚度为 2.54 厘米 ×2.77 厘米 ×2.56 厘米，单果重 13.12 克；果皮厚约 0.55 毫米，绿黄色，龟状纹和瘤状突起不明显，放射纹较明显，质地较韧；果肉厚约 3.70 毫米，黄白色，不透明，表面稍流汁，汁液量中等，易离核，肉质软韧，化渣，味淡甜，可食率 69.15%，可溶性固形物含量 18.2% ～ 20.2%。种子红褐色，扁圆形，种脐中等大小，不规则形，种顶面观椭圆形，重 1.76 克。在广州成熟期为 7 月下旬。

评价

生长势中等，果实大，丰产性一般，品质中上，为鲜食和焙干良种，常作为杂交的母本材料。

结果状

花穗

果穗

核   1cm

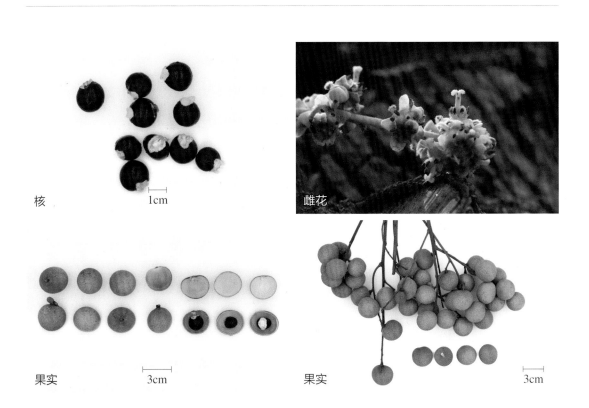

雌花

果实   3cm

果实   3cm

39. 九月乌

Jiuyuewu

主要性状

原产于福建莆田。果穗长度 20 ～ 30 厘米，果穗宽度 15 ～ 19 厘米，穗果粒平均数 23。果实扁圆形，果肩稍耸起，果顶浑圆，大小均匀，果实纵径 × 横径 × 厚度为 2.60 厘米 ×2.92 厘米 ×2.67 厘米，单果重 12.10 克；果皮厚约 0.73 毫米，青褐色，龟状纹不明显，瘤状突起和放射纹较明显；果肉肉厚，约 5.24 毫米，乳白色，半透明，汁液多，表面不流汁，易离核，肉质爽脆，化渣，味淡甜，不易裂果，可食率 64.62%，可溶性固形物含量 17.2% ～ 19.2%。种子赤褐色，扁圆形，种脐中等大小，椭圆形，种顶面观椭圆形，胎座束突起呈块状，重 2.36 克。在广州成熟期为 8 月中旬。

评 价

生长势强，丰产性较差，果实品质中等，中熟，在广州结果性能较差，大小年结果现象明显。

结果状

开花状

果穗

核　　1cm

雌花

果实　　3cm

果实　　3cm

40. 红壳子

Hongkezi

主要性状

原产于福建福清。果穗长度 27～37 厘米，果穗宽度 19～27 厘米，穗果粒平均数 35。果实扁圆形，果肩平广，果顶浑圆，大小均匀，果实纵径 × 横径 × 厚度为 2.46 厘米 ×2.43 厘米 ×2.16 厘米，单果重 7.88 克；果皮厚约 0.68 毫米，深黄褐色，表面果粉较多，龟状纹不明显，瘤状突起不明显，放射纹较明显；果肉厚约 3.36 毫米，乳白色，透明，汁液多，表面流汁，易离核，肉质软韧，化渣，浓甜，风味优，不易裂果，可食率 55.42%，可溶性固形物含量 19.9%～25.3%。种子红褐色，扁圆形，种脐小，椭圆形，种顶面观不规则形，胎座束突起条状，重 2.04 克。在广州成熟期为 7 月底。

评　价

生长势强，丰产性好，果穗成穗性较好，果较小，味甜，种子大，可食率偏低。

结果状

开花状

花穗

果穗

核   1cm

雌花

果实   3cm

果实   3cm

41. 青壳蕉

Qingkejiao

主要性状

原产于福建。果穗长度 23 ～ 35 厘米，果穗宽度 16 ～ 26 厘米，穗果粒平均数 35。果实扁圆形，果肩一边高一边低，果顶钝圆，果实纵径 × 横径 × 厚度为 2.38 厘米 ×2.59 厘米 ×2.35 厘米，单果重 9.09 克；果皮厚约 0.73 毫米，黄褐色带绿色，龟状纹、瘤状突起及放射纹均较明显；果肉厚约 3.93 毫米，乳白色，半透明，汁液中等，表面稍流汁，易离核，肉质细嫩，化渣，味甜，风味优，可食率 60.04%，可溶性固形物含量 21.0% ～ 24.0%。种子赤褐色，扁圆形，种脐中等大小，椭圆形，种顶面观椭圆形，胎座束突起不明显，重 2.19 克。在广州成熟期为 7 月下旬。

评　价

生长势强，丰产性较好，果穗长，品质上等，种子大，可食率偏低。

结果状

开花状

花穗

果穗

核   1cm

雌花

果实   3cm

果实   3cm

42. 洲头本

Zhoutouben

原产于福建泉州。果穗长度 27～37 厘米，果穗宽度 14～24 厘米，穗果粒平均数 39。果实近圆形，果肩一边高一边低，大小均匀，果实纵径 × 横径 × 厚度为 2.53 厘米 ×2.48 厘米 ×2.42 厘米，单果重 8.06 克；果皮厚约 0.72 毫米，黄褐色，龟状纹及放射纹较明显，瘤状突起不明显；果肉厚约 3.38 毫米，黄白色，透明，汁液多，表面流汁，较易离核，肉质软韧，化渣，味浓甜，可食率 56.29%，可溶性固形物含量 22.1%～26.1%。种子红褐色，扁圆形，种脐中等大小，椭圆形，种顶面观椭圆形，胎座束突起块状，重 2.01 克。在广州成熟期为 8 月上旬。

评 价

生长势中等，丰产、稳产性一般，含糖量高，适于鲜食，种子较大，可食率低。

结果状

花穂

开花状

果穂

核

1cm

雌花

果实

3cm

果实

3cm

43. 处暑本

Chushuben

主要性状

原产于福建。果穗长度 15 ～ 35 厘米，果穗宽度 12 ～ 24 厘米，穗果粒平均数 51。果实近圆形，果肩平，果顶浑圆，大小均匀，果实纵径 × 横径 × 厚度为 2.44 厘米 ×2.59 厘米 ×2.37 厘米，单果重 8.87 克；果皮厚约 0.90 毫米，黄白色，龟状纹小且密，瘤状突起明显，放射纹较明显；果肉厚约 4.01 毫米，黄白色，半透明，汁液多，表面不流汁，难离核，肉质软韧，化渣，味浓甜，不易裂果，可食率 59.97%，可溶性固形物含量 19.0% ～ 23.0%。种子红褐色，圆形或扁圆形，种脐中等大小，不规则形，种顶面观不规则形，胎座束突起块状，重 1.86 克。在广州成熟期为 8 月中下旬。

评 价

生长势强，丰产、稳产，果实较迟熟，品质上等，可食率偏低。

结果状

花穗

果穗

核

1cm

雌花

果实

3cm

果实

3cm

44. 公妈本

Gongmaben

主要性状

原产于福建莆田。果穗长度 15 ~ 21 厘米，果穗宽度 13 ~ 21 厘米，穗果粒平均数 29。果实扁圆形，果肩一边高一边低，果顶钝圆，大小均匀，果实纵径 × 横径 × 厚度为 2.54 厘米 ×2.84 厘米 ×2.65 厘米，单果重 13.13 克；果皮厚约 0.75 毫米，赤褐色，龟状纹不明显，瘤状突起及放射纹均不明显；果肉肉厚，约 5.22 毫米，黄白色，半透明，汁液中等，表面稍流汁，易离核，肉质稍脆，化渣，味淡甜，可食率 66.82%，可溶性固形物含量 20.9% ~ 22.5%。种子红褐色，扁圆形，种脐中等大小，椭圆形，种顶面观椭圆形，胎座束突起块状，重 2.47 克。在广州成熟期为 7 月下旬。

评　价

生长势强，丰产、稳产，果实品质上等，果大，核大，在广州栽培适应性较好。

结果状

花穗

果穗

核

1cm

雌花

果实

3cm

果实

3cm

45. 后壁埔

Houbipu

主要性状

原产于福建同安。果穗长度 26 ~ 36 厘米，果穗宽度 18 ~ 24 厘米，穗果粒平均数 28。果实扁圆形，果肩平，果顶钝圆，大小均匀，果实纵径 × 横径 × 厚度为 2.82 厘米 × 3.08 厘米 × 2.69 厘米，单果重 13.95 克；果皮厚约 0.99 毫米，黄褐色，龟状纹不明显，瘤状突起及放射纹较明显；果肉肉厚，约 6.43 毫米，黄白色，半透明，汁液多，表面流汁，易离核，肉质细软，化渣，味淡甜，不易裂果，可食率 70.49%，可溶性固形物含量 15.4% ~ 17.2%。种子红褐色，不规则形，种脐小，呈椭圆形，种顶面观不规则形，胎座束突起不明显，重 2.3 克。在广州成熟期为 7 月中下旬。

评 价

生长势较强，丰产性好，大小年结果现象较明显，果穗成穗性好，品质中下。

结果状

花穗

果穗

核 1cm

雌花

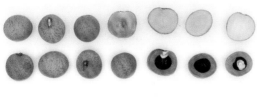

果实 3cm

果实 3cm

46. 青壳宝圆

Qingkebaoyuan

主要性状

原产于福建长乐。果穗长度17～35厘米，果穗宽度14～20厘米，穗果粒平均数19。果实近圆形，果肩一边高一边低，果顶钝圆，大小均匀，果实纵径×横径×厚度为2.83厘米×3.30厘米×2.83厘米，单果重14.12克；果皮厚约0.91毫米，黄褐色，龟状纹和瘤状突起不明显，放射纹较明显；果肉肉厚，约6.30毫米，黄白色，不透明，汁液中等，表面不流汁，易离核，肉质韧脆，味浓甜，较化渣，淡香气，可食率63.94%，可溶性固形物含量21.1%～22.7%。种子赤褐色，近圆形，种脐大，呈长椭圆形，种顶面观椭圆形，胎座束突起呈块状，重2.49克。在广州成熟期为7月下旬。

评　价

生长势中等，丰产性一般，果实品质上等，为大果型优质中熟的鲜食良种，果穗中常有种子败育的小果，在广州栽培适应性较好。

结果状

花穗

果穗

核 |——| 1cm

雌花

果实 |——| 3cm

果实 |——| 3cm

47. 友谊106

Youyi 106

主要性状

原产于福建莆田。果穗长度14～30厘米，果穗宽度15～23厘米，穗果粒平均数19。果实近圆形或扁圆形，果肩双肩耸起，果顶浑圆，大小均匀，果实纵径×横径×厚度为2.48厘米×2.64厘米×2.46厘米，单果重12.77克；果皮厚约0.63毫米，黄褐色，龟状纹不明显，瘤状突起明显，放射纹较明显；果肉厚约3.55毫米，乳白色，半透明，汁液多，表面不流汁，易离核，肉质软韧，化渣，味浓甜，不易裂果，可食率65.06%，可溶性固形物含量21.9%～24.3%。种子赤褐色，扁圆形，种脐大，不规则形，种顶面观椭圆形，胎座束突起条状，重2.43克。在广州成熟期为8月初。

评　价

生长势较强，丰产性较好，果实中熟，品质中上，是鲜食优良株系。

结果状

开花状

花穗

果穗

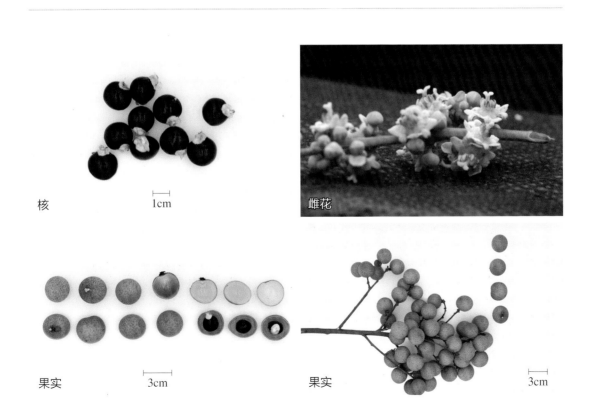

核

1cm

雌花

果实

3cm

果实

3cm

48. 龙优

Longyou

主要性状

原产于福建。果穗长度 15～27 厘米，果穗宽度 15～21 厘米，穗果粒平均数 41。果实扁圆形，果肩一边高一边低，果顶浑圆，大小均匀，果实纵径 × 横径 × 厚度为 2.33 厘米 ×2.43 厘米 ×2.31 厘米，单果重 12.18 克；果皮厚 0.86 毫米，青褐色，龟状纹和瘤状突起、放射纹均较明显；果肉厚为 4.60 毫米，乳白色，半透明，汁液多，表面流汁，易离核，肉质软韧，化渣，味浓甜，易裂果，可食率 69.58%，可溶性固形物含量 20.1%～21.5%。种子中等大小，赤褐色，不规则形，种脐中等大小，不规则形，种顶面观不规则形，胎座束突起不明显，重 1.69 克。在广州成熟期为 7 月底。

评　价

生长势较强，丰产、稳产，果实品质上等，是鲜食良种，唯果肉表面流汁。

结果状

开花状

花穗

果穗

核　　　1cm

雌花

果实　　　3cm

果实　　　3cm

49. 鸡蛋本

Jidanben

主要性状

原产于福建莆田。果穗长度 17 ～ 29 厘米，果穗宽度 10 ～ 20 厘米，穗果粒平均数 20。果实扁圆形，果肩一边高一边低，果顶钝圆，大小均匀，果实纵径 × 横径 × 厚度为 2.22 厘米 ×2.35 厘米 ×2.17 厘米，单果重 7.64 克；果皮平滑，厚约 0.68 毫米，灰黄褐色，龟状纹较明显，瘤状突起不明显，放射纹较明显；果肉厚约 3.51 毫米，黄白色，半透明，汁液中等，表面不流汁，易离核，肉质韧脆，化渣，味浓甜，不易裂果，可食率 65.42%，可溶性固形物含量 23.4% ～ 24.4%。种子赤褐色，扁圆形，种脐小，不规则形，种顶面观椭圆形，胎座束突起不明显，重 1.33 克。在广州成熟期为 7 月底。

评 价

生长势中等，丰产性一般，果实品质上等，适宜广州种植，是鲜食良种。

结果状

开花状

花穗

果穗

核 1cm

雌花

果实 3cm

果实 3cm

50. 巨龙

Julong

主要性状

原产于福建。果穗长度 29 ～ 45 厘米，果穗宽度 16 ～ 24 厘米，穗果粒平均数 20。果实近圆形，果肩下斜，大小均匀，果实纵径 × 横径 × 厚度为 2.81 厘米 ×2.90 厘米 ×2.48 厘米，单果重 13.44 克；果皮厚约 0.83 毫米，青褐色，龟状纹较明显，瘤状突起明显，放射纹较明显；果肉厚约 3.70 毫米，黄白色，半透明，汁液多，表面流汁，难离核，肉质软韧，较化渣，味淡甜，不易裂果，可食率 57.13%，可溶性固形物含量 18.3% ～ 22.3%。种子紫黑色，不规则形，种脐小，不规则形，种顶面观不规则形，胎座束突起不明显，重 3.0 克。在广州成熟期为 8 月上旬。

评　价

生长势较强，丰产性一般，果实中熟，外观好，品质中等，种子大。

结果状

花穗

开花状

果穗

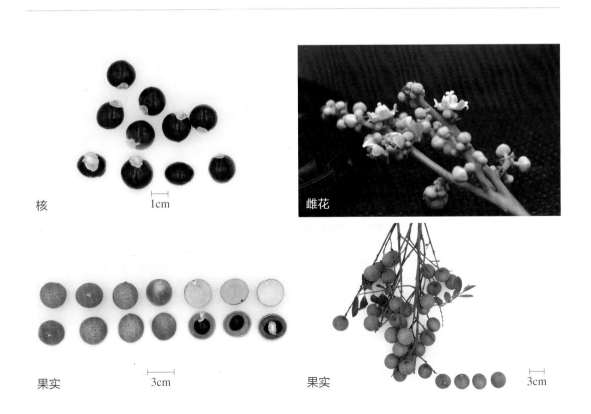

核 1cm

雌花

果实 3cm

果实 3cm

51. 立秋本

Liqiuben

主要性状

原产于福建。果穗长度 17 ～ 25 厘米，果穗宽度 12 ～ 20 厘米，穗果粒平均数 22。果实扁圆形，果肩平广，果顶钝圆，果实中等大小，大小均匀，果实纵径 × 横径 × 厚度为 2.55 厘米 ×2.77 厘米 ×2.56 厘米，单果重 10.86 克；果皮厚约 1.04 毫米，棕褐色，龟状纹、瘤状突起及放射纹均不明显；果肉厚约 4.47 毫米，蜡白色，透明，汁液多，表面稍流汁，难离核，肉质软韧，较化渣，味甜，香气淡，较易裂果，可食率 57.98%，可溶性固形物含量 18.5% ～ 21.3%。种子紫黑色，不规则形，种脐小，椭圆形，种顶面观不规则形，胎座束突起不明显，重 2.45 克。在广州成熟期为 7 月中下旬。

评 价

生长势较强，丰产性一般，果实早熟，外观好，品质中上，皮厚，可食率偏低。

结果状

开花状

花穗

果穗

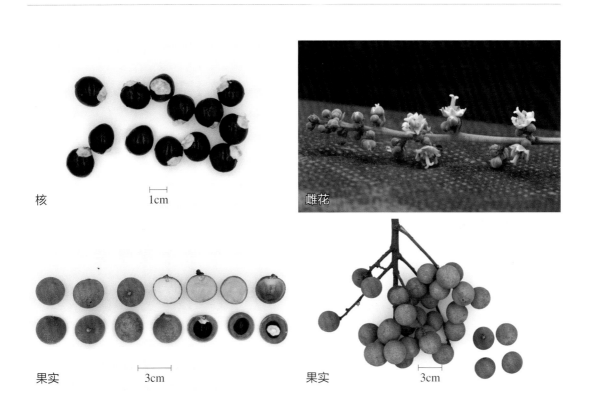

核

1cm

雌花

果实

3cm

果实

3cm

52. 后巷本

Houxiangben

主要性状

原产于福建。果穗长度 28 ～ 42 厘米，果穗宽度 16 ～ 24 厘米，穗果粒平均数 33。果实近圆形，果肩平广，果顶钝圆，果实中等大小，大小均匀，果实纵径 × 横径 × 厚度为 2.65 厘米 ×2.83 厘米 ×2.67 厘米，单果重 11.93 克；果皮厚约 0.85 毫米，黄褐色，龟状纹、瘤状突起不明显，放射纹明显；果肉厚约 4.65 毫米，黄白色，半透明，汁液多，表面稍流汁，难离核，肉质软韧，较化渣，味浓甜，不易裂果，可食率 61.82%，可溶性固形物含量 21.5% ～ 24.7%。种子赤褐色，扁圆形，种脐中等大小，椭圆形，种顶面观椭圆形，胎座束突起不明显，重 2.35 克。在广州成熟期为 7 月下旬。

评价

生长势较强，丰产性好，果穗成穗性较好，果实早熟，外观好，品质中上，在广州栽培适应性较好。

结果状

开花状

花穗

果穗

核 1cm

雌花

果实 3cm

果实 3cm

53. 红匣榛

Hongxiazhen

主要性状

原产于福建。果穗长度 25～39 厘米，果穗宽度 15～23 厘米，穗果粒平均数 48。果实近圆形，果肩平广，果顶浑圆，大小均匀，果实纵径 × 横径 × 厚度为 2.35 厘米 ×2.63 厘米 ×2.42 厘米，单果重 9.10 克；果皮厚约 0.92 毫米，青褐色，龟状纹不明显，瘤状突起明显，放射纹较明显；果肉厚约 4.40 毫米，乳白色，半透明，汁液量中等，表面不流汁，较易离核，肉质软韧，较化渣，味甜，不易裂果，可食率 60.90%，可溶性固形物含量 19.3%～21.7%。种子赤褐色，扁圆形，种脐小，椭圆形，种顶面观椭圆形，胎座束突起不明显，重 1.89 克。在广州成熟期为 8 月初。

评 价

生长势强，丰产性好，果实品质中上，可食率偏低，中熟。

结果状

开花状

花穗

果穗

核 |— 1cm

雌花

果实 |— 3cm

果实 |— 3cm

54. 立冬本

Lidongben

主要性状

原产于福建莆田。果穗长度25～45厘米，果穗宽度14～26厘米，穗果粒平均数20。果实扁圆形，果肩一边高一边低，果顶钝圆，果实纵径×横径×厚度为2.49厘米×2.75厘米×2.51厘米，单果重11.06克；果皮厚约0.98毫米，黄褐色，龟状纹及放射纹较明显，瘤状突起不明显；果肉厚约3.68毫米，乳白色，透明，汁液多，表面流汁，难离核，肉质软韧，化渣，味清甜，较易裂果，可食率59.76%，可溶性固形物含量20.6%～23.8%。种子赤褐色，不规则形，种脐小，长椭圆形，种顶面观不规则形，胎座束突起不明显，种子重2.4克。在广州成熟期为8月下旬至9月上旬。

评 价

生长势中强、迟熟、丰产，大小年结果现象明显，果较大，味甜，但表面流汁。常作杂交母本材料。

结果状

花穗

开花状

果穗

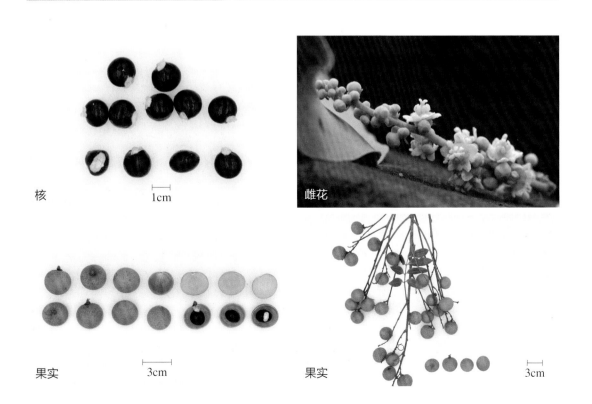

核　　　　　　　　├──┤
　　　　　　　　　1cm

雌花

果实　　　　　├──┤
　　　　　　　3cm

果实　　　　　　　　　├──┤
　　　　　　　　　　　3cm

55. 桂明一号

Guiming 1

主要性状

原产于广西。果穗长度 32～48 厘米，果穗宽度 20～28 厘米，穗果粒平均数 37。果实心脏形，果肩双肩耸起，果顶钝圆，大小均匀，果实纵径 × 横径 × 厚度为 2.64 厘米 ×2.83 厘米 ×2.51 厘米，单果重 11.50 克；果皮厚约 0.71 毫米，青褐色，龟状纹、瘤状突起及放射纹均不明显，皮薄；果肉肉厚，约 5.09 毫米，乳白色，半透明，表面不流汁，汁液多，易离核，肉质韧脆，较化渣，味浓甜，不易裂果，可食率 65.93%，可溶性固形物含量 21.6%～23.6%。种子红棕色，扁圆形，种脐中等大小，椭圆形，种顶面观不规则形，胎座束突起条状，重 2.24 克。在广州成熟期为 8 月初。

评 价

生长势强，丰产、稳产性较好，坐果能力强，果实中熟，成熟后不易退糖，品质上等，在广州栽培适应性好。

结果状

开花状

花穗

果穗

核　　　　　　1cm

雌花

果实　　　　　3cm

果实　　　　　3cm

56. 早白露

Zaobailu

主要性状

原产于广西桂平。果穗长度 22 ～ 36 厘米，果穗宽度 14 ～ 20 厘米，穗果粒平均数 35。果实小，侧扁圆形，果肩平广，果顶钝圆，大小均匀，果实纵径 × 横径 × 厚度为 2.50 厘米 ×2.62 厘米 ×2.37 厘米，单果重 9.07 克；果皮厚约 0.86 毫米，黄褐色，充分成熟后遇晴雨天气会呈现霉灰状物，龟状纹和瘤状突起不明显；果肉厚约 3.29 毫米，乳白色，半透明，汁液较多，表面稍流汁，易离核，肉质软韧，化渣，味清甜，不易裂果，可食率 60.53%，可溶性固形物含量 19.3% ～ 22.5%。种子赤褐色，不规则扁圆形，种脐中等大小，不规则形，种顶面观椭圆形，胎座束突起不明显，重 1.99 克。在广州成熟期为 7 月下旬。

评 价

生长势较弱，成花坐果能力强，丰产性好，品质上等，可食率偏低。

结果状

果穗

核　1cm

雌花

果实　3cm

果实　3cm

113

57. 泸丰

Lufeng

主要性状

原产于四川泸州。果穗长度 30 ～ 40 厘米，果穗宽度 17 ～ 25 厘米，穗果粒平均数 32。果实近圆形，果肩平广，果顶浑圆，大小均匀，果实纵径 × 横径 × 厚度为 2.64 厘米 ×2.72 厘米 ×2.58 厘米，单果重 11.56 克；果皮厚约 0.95 毫米，青褐色，龟状纹明显，瘤状突起及放射纹较明显；果肉厚约 3.98 毫米，黄白色，半透明，汁液多，表面稍流汁，易离核，肉质稍脆，较化渣，味浓甜，可食率 64.10%，可溶性固形物含量 20.3% ～ 22.7%。种子红色，扁圆形，种脐中等大小，椭圆形，种顶面观椭圆形，胎座束突起不明显，重 1.81 克。在广州成熟期为 8 月上旬。

评　价

生长势中等，较丰产，果穗成穗性较好，果实中熟，外观较好，品质上等，在广州表现较好。

结果状

开花状

果穗

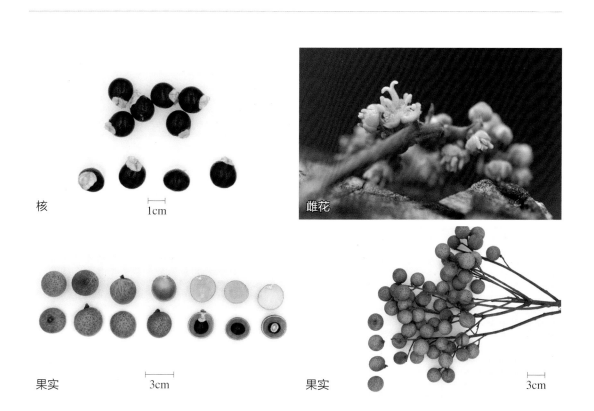

核

1cm

雌花

果实

3cm

果实

3cm

58. 泸早

Luzao

主要性状

原产于四川泸州。果穗长度 21 ～ 39 厘米，果穗宽度 14 ～ 28 厘米，穗果粒平均数 60。果实小，近圆形，果肩平广，果顶钝圆，果实纵径 × 横径 × 厚度为 2.38 厘米 ×2.44 厘米 ×2.51 厘米，单果重 8.36 克；果皮厚约 1.14 毫米，青褐色，龟状纹较明显，瘤状突起及放射纹明显；果肉厚约 4.80 毫米，黄白色，半透明，汁液多，表面稍流汁，较易离核，肉质软韧，化渣，味浓甜，不易裂果，可食率 53.41%，可溶性固形物含量 18.7% ～ 21.5%。种子紫黑色，表面有皱褶，扁圆形，种脐小，椭圆形，胎座束突起不明显，重 1.6 克。在广州成熟期为 7 月中下旬。

评 价

生长势中强，丰产性较好，早熟，果穗成穗性较好，果实品质中上，可供鲜食，皮厚，可食率低。

结果状

开花状

花穗

果穗

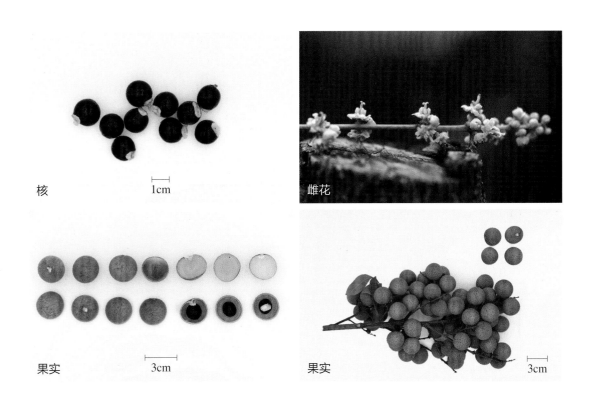

核 |——| 1cm

雌花

果实 |——| 3cm

果实 |——| 3cm

59. 蜀冠

Shuguan

主要性状

原产于四川泸州。果穗长度 24～38 厘米，果穗宽度 18～24 厘米，穗果粒平均数 26，着果密度较稀。果实近圆形，果肩平广，果顶尖圆，大小均匀，果实纵径 × 横径 × 厚度为 2.84 厘米 ×2.85 厘米 ×2.49 厘米，单果重 11.70 克；果皮厚约 1.25 毫米，灰黄褐色，龟状纹稍明显，瘤状突起明显，有放射纹；果肉厚约 4.14 毫米，黄白色，不透明，汁液多，表面流汁，易离核，肉质软韧，略带渣，味淡甜，无香气，易裂果，可食率 60.31%，可溶性固形物含量 11.3%～15.5%。种子红褐色，扁圆形，种脐小，椭圆形，种顶面观不规则形，胎座束突起条状，重 1.71 克。在广州成熟期为 8 月上旬。

评 价

树势强健，生长势较强，在广州表现成花结果性能较差，果实皮厚，果实品质下等。

结果状

开花状

花穗

果穗

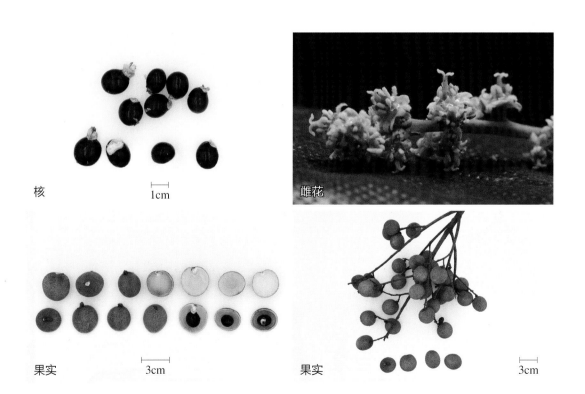

核　　　　　　　　　1cm

雌花

果实　　　　　　　　3cm

果实　　　　　　　　3cm

60. 伊多

Yiduo

主要性状

原产于泰国。果穗长度 31 ~ 41 厘米，果穗宽度 20 ~ 28 厘米，穗果粒平均数 27。果实心脏形，果肩双肩耸起，果顶钝圆，大小均匀，果实纵径 × 横径 × 厚度为 2.62 厘米 ×2.74 厘米 ×2.83 厘米，单果重 11.92 克；果皮厚约 0.94 毫米，黄白色，龟状纹较明显，瘤状突起及放射纹均较明显；果肉肉厚，约 5.68 毫米，黄白色，不透明，汁液量中等，表面不流汁，易离核，肉质爽脆，化渣，味浓甜，香气浓，可食率 66.00%，可溶性固形物含量 21.2% ~ 22.6%。种子红褐色，不规则形，种脐大，椭圆形，种顶面观椭圆形，胎座束突起块状，重 2.02 克。在广州成熟期为 8 月中下旬。

评　价

树势中等，丰产性较差，果较大，果实品质上等，有香气，较迟熟，在广州栽培表现一般。

结果状

开花状

花穗

果穗

核　　　　　　　 1cm

雌花

果实　　　　　　3cm

果实　　　　　　3cm

61. 科哈拉（Kohala）

Kehala

主要性状

原产于澳大利亚。果穗长度 16～22 厘米，果穗宽度 12～18 厘米，穗果粒平均数 9。果实扁圆形，果实大小中等，果顶钝圆，果实纵径 × 横径 × 厚度为 2.38 厘米 ×2.71 厘米 ×2.45 厘米，单果重 9.55 克；果皮厚约 0.65 毫米，黄褐色，龟状纹、瘤状突起及放射纹均不明显；果肉肉厚，约 5.22 毫米，黄白色，不透明，汁液中等，表面不流汁，易离核，肉质爽脆，化渣，味浓甜，不易裂果，可食率 65.94%，可溶性固形物含量 19.5%～22.3%。种子红褐色，近圆形，种脐中等大小，椭圆形，种顶面观宽椭圆形，胎座束突起不明显，重 1.64 克。在广州成熟期为 7 月上旬。

评　价

生长势弱，丰产性差，嫁接不亲和，果实早熟，外观好，品质上等。

结果状

122

花穗

果穗

雌花

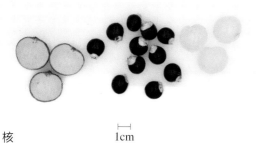

核　　　├─┤
　　　　1cm

果实　　　├─┤
　　　　　3cm

62. 越南四季

Yuenansiji

主要性状

原产于越南。果穗长度 20 ～ 32 厘米，果穗宽度 13 ～ 23 厘米，穗果粒平均数 26。果实近圆形，果肩平广，果顶钝圆，果实大，大小均匀，果实纵径 × 横径 × 厚度为 2.69 厘米 ×2.96 厘米 ×2.79 厘米，单果重 13.66 克；果皮厚约 0.81 毫米，绿黄褐色，龟状纹稍明显，瘤状突起及放射纹不明显；果肉厚约 4.28 毫米，乳白色，不透明，汁液多，表面流汁，不太易离核，肉质软韧，不化渣，味甜，香气浓，不易裂果，可食率 63.45%，可溶性固形物含量 17.7% ～ 20.1%。种子赤褐色，扁圆形，种脐小，椭圆形，种顶面观椭圆形，胎座束突起不明显，重 2.65 克。在广州成熟期为 7 月中下旬。

评 价

生长势弱，鬼帚病枝多，丰产性较好，嫁接亲和性差，成花容易，果肉有特殊香气。

结果状

花穗

开花状

果穗

核 1cm

雌花

果实 3cm

果穗 3cm

63. 迟熟龙眼

Chishulongyan

主要性状

实生优选单株。果穗长度 22 ～ 34 厘米，果穗宽度 16 ～ 30 厘米，穗果粒平均数 41。果实侧扁圆形，果肩双肩耸起，果顶浑圆，大小均匀，果实纵径 × 横径 × 厚度为 2.62 厘米 ×2.68 厘米 ×2.43 厘米，单果重 10.43 克；果皮厚约 1.02 毫米，青褐色，龟状纹不明显，瘤状突起不明显，放射纹较明显；果肉厚约 4.73 毫米，黄白色，半透明，汁液多，表面稍流汁，易离核，肉质韧脆，化渣，味浓甜，可食率 63.18%，可溶性固形物含量18.5% ～ 20.6%。种子红色，扁圆形，种脐中等大小，椭圆形，种顶面观椭圆形，胎座束突起不明显，重 1.66 克。在广州成熟期为 8 月中旬。

评　价

树势中等，较丰产、稳产，果较小，果实品质中上，迟熟。

结果状

开花状

花穗

果穗

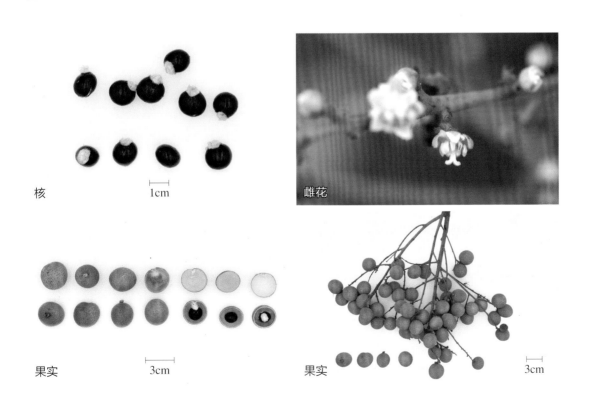

核　　　1cm

雌花

果实　　　3cm

果实　　　3cm

64. 大果

Daguo

主要性状

实生优选单株。果实近圆形，果肩平广，大小均匀，果实纵径×横径×厚度为 2.94 厘米×3.23 厘米×2.98 厘米，单果重 17.70 克；果皮厚约 0.86 毫米，灰黄褐色，龟状纹明显，瘤状突起不明显，放射纹明显；果肉厚约 4.83 毫米，乳白色，半透明，汁液多，表面稍流汁，较易离核，肉质脆韧，较化渣，味甜，可食率 66.54%，可溶性固形物含量 17.5%～20.5%。种子赤褐色，扁圆形，种脐大，不规则形，种顶面观椭圆形，胎座束突起条状，重 2.9 克。在广州成熟期为 8 月上旬。

评 价

树势较强，较丰产，果特大，果实品质中等。

结果状

开花状

花穂

果穂

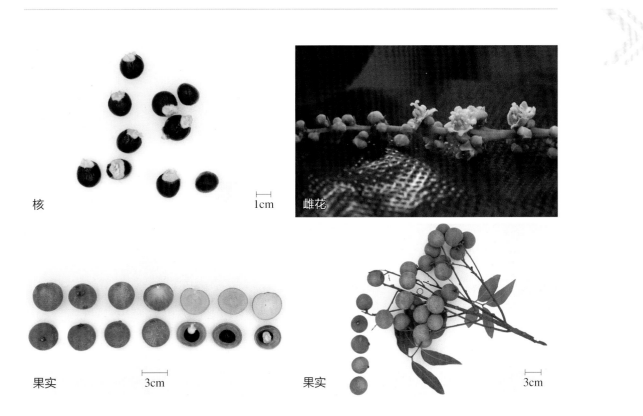

核

1cm

雌花

果实

3cm

果实

3cm

65. 卷叶

Juanye

主要性状

实生优选单株。果穗长度 27 ~ 39 厘米，果穗宽度 14 ~ 18 厘米，穗果粒平均数 39。果实近圆形，果肩平广，果顶钝圆，果实小，大小均匀，果实纵径 × 横径 × 厚度为 2.04 厘米 ×2.31 厘米 ×2.11 厘米，单果重 6.10 克；果皮厚约 0.61 毫米，黄褐色，龟状纹不明显，瘤状突起较明显，放射纹较明显；果肉厚约 3.82 毫米，乳白色，不透明，汁液中等，表面不流汁，易离核，肉质爽脆，化渣，味浓甜，有香气，不易裂果，可食率 61.24%，可溶性固形物含量 21.3% ~ 24.3%。种子红褐色，扁圆形，种脐小，不规则形，种顶面观椭圆形，胎座束突起不明显，重 1.49 克。在广州成熟期为 7 月底。

评　价

生长势中等，复叶节间密，小叶叶缘波浪状较明显，丰产性一般，果实较小，中熟，品质上等。

结果状

开花状

花穗

果穗

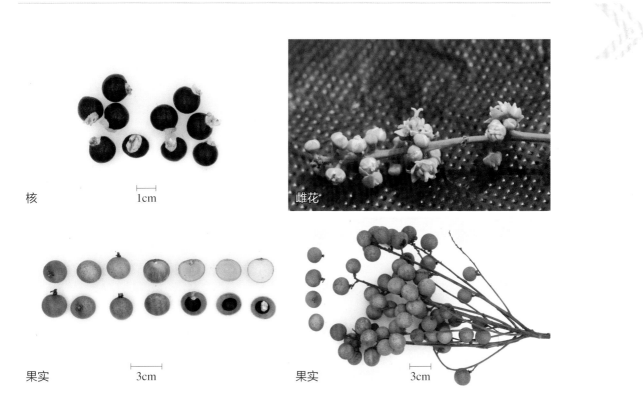

核

1cm

雌花

果实

3cm

果实

3cm

66. 实生脆肉

Shishengcuirou

主要性状

实生优选单株。果穗长度 24～34 厘米，果穗宽度 19～25 厘米，穗果粒平均数 34。果实小，近圆形，果肩平，果顶浑圆，大小均匀，果实纵径 × 横径 × 厚度为 2.20 厘米 ×2.37 厘米 ×2.22 厘米，单果重 10.55 克；果皮厚约 0.62 毫米，黄褐色，龟状纹明显，瘤状突起明显，果蒂部有放射纹；果肉厚约 4.44 毫米，乳白色，不透明，汁液中等，表面稍流汁，易离核，肉质软韧，化渣，味浓甜，不易裂果，可食率 64.99%，可溶性固形物含量 21.7%～23.7%。种子不规则形，红褐色，种脐中等大小，不规则形，种顶面观不规则形，胎座束突起不明显，重 1.45 克。在广州成熟期为 7 月下旬。

评 价

生长势强，适应性广，丰产、稳产性好，果穗成穗性好，品质与石硖相当，是鲜食良种，比石硖晚熟 1 周左右。

结果状

132

开花状

花穗

果穗

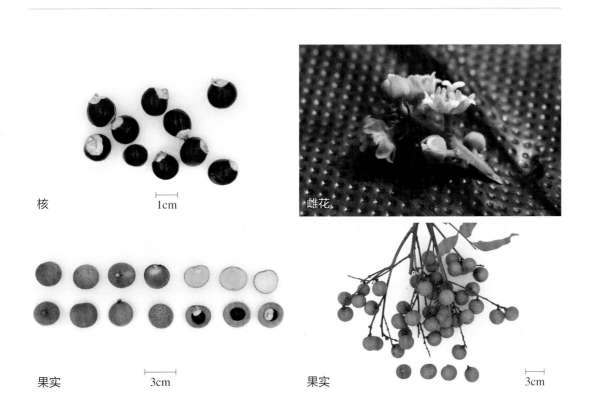

核   1cm

雌花

果实   3cm

果实   3cm

67. 实生迟熟

Shishengchishu

主要性状

实生优选单株。果穗长度 22 ～ 40 厘米，果穗宽度 15 ～ 23 厘米，穗果粒平均数 53。果实近圆形，果肩平，果顶钝圆，大小均匀，果实纵径 × 横径 × 厚度为 2.20 厘米 × 2.33 厘米 × 2.19 厘米，单果重 7.26 克；果皮厚约 0.84 毫米，果皮灰黄褐色，龟状纹明显，瘤状突起不明显，放射纹明显；果肉厚约 3.45 毫米，黄白色，不透明，汁液中等，表面不流汁，较易离核，肉质韧脆，较化渣，味清甜，淡酒香味，可食率 63.47%，可溶性固形物含量 18.6% ～ 20.6%。种子赤褐色，不规则形，种脐小，椭圆形，种顶面观椭圆形，胎座束突起条状，重 1.39 克。在广州成熟期为 8 月中下旬。

评 价

生长势强，丰产、稳产性好，果穗成穗性好，果实品质中上，有特殊香气，是鲜食迟熟良种。

结果状

开花状

果穗

花穗

核

1cm

雌花

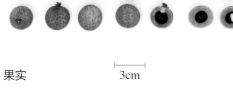

果实

3cm

果实

3cm

68. 绿珠

Lüzhu

主要性状

杂交优选单株。果穗长度 30 ～ 46 厘米，果穗宽度 28 ～ 32 厘米，穗果粒平均数 75。果实近圆形，果肩平广，果顶钝圆，果大小均匀，果实纵径 × 横径 × 厚度为 2.56 厘米×2.76 厘米×2.66 厘米，单果重 11.60 克；果皮厚约 0.95 毫米，绿色，龟状纹较明显，瘤状突起明显，放射纹不明显；果肉厚约 5.14 毫米，乳白色，不透明，汁液中等，表面稍流汁，易离核，肉质软韧，化渣，味浓甜，不易裂果，可食率 69.48%，可溶性固形物含量 19.9% ～ 24.2%。种子红褐色，近圆形，种脐小，不规则形，种顶面观椭圆形，胎座束突起不明显，重 1.78 克。在广州成熟期为 7 月底。

评　价

生长势强，丰产性好，果穗成穗性好，果皮以绿色为主，中熟，品质中上。

结果状

花穂

果穗

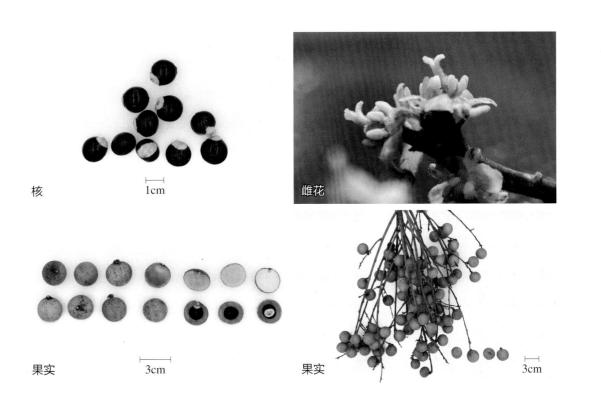

核

1cm

雌花

果实

3cm

果实

3cm

69. 潘粤

Panyue

主要性状

实生优选单株。果穗长度 24～40 厘米，果穗宽度 17～25 厘米，穗果粒平均数 24。果实扁圆形，果肩平广，果顶浑圆，大小均匀，果实纵径 × 横径 × 厚度为 2.63 厘米 ×2.97 厘米 ×2.66 厘米，单果重 12.31 克；果皮厚约 0.74 毫米，青褐色，龟状纹、瘤状突起及放射纹均较明显；果肉肉厚，约 5.44 毫米，黄白色，透明，汁液多，表面不流汁，易离核，肉质爽脆，化渣，味甜，可食率 70.64%，可溶性固形物含量 18.7%～21.3%。种子红褐色，扁圆形，种脐中等，不规则形，种顶面观椭圆形，胎座束突起条状，重 1.5 克。在广州成熟期为 8 月中旬。

评　价

树势较弱，易成花，丰产、稳产，果较大，果实品质中上，有香气，迟熟。

结果状

开花状

花穗

果穗

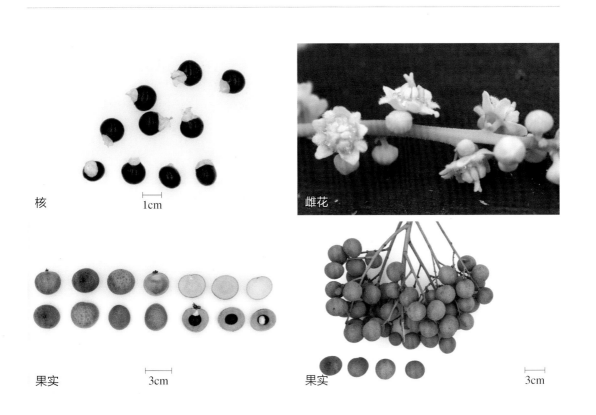

核   1cm

雌花

果实   3cm

果实   3cm

70. 青山接种

Qingshanjiezhong

主要性状

原产于广东潮阳。果实近圆形，果肩双肩耸起，果顶浑圆，大小均匀，果实纵径 × 横径 × 厚度为 2.57 厘米 ×2.76 厘米 ×2.55 厘米，单果重 10.97 克；果皮厚 0.68 毫米，黄褐色，较光滑，龟状纹明显，瘤状突起不明显，放射纹不明显；果肉厚约 4.01 毫米，黄白色，半透明，汁液中等，表面不流汁，易离核，肉质韧脆，较化渣，味甜，不易裂果，可食率 63.24%，可溶性固形物含量 19.7% ~ 21.7%；种子赤褐色，不规则形，种脐大，不规则形，种顶面观不规则形，胎座束突起条状，重 2.26 克。在广州成熟期为 8 月上旬。

评　价

生长势中等，产量高，稳产，果穗成穗性好，果实美观，品质中等，适宜加工，并蒂果较多。

核　　　1cm

果穗

果实　　　3cm

果实　　　3cm

71. 香眼

Xiangyan

杂交优选单株。果穗长度 31 ～ 43 厘米，果穗宽度 14 ～ 26 厘米，穗果粒平均数 18。果实扁圆形，果肩平广，果顶浑圆，果实中等大小，大小均匀，果实纵径 × 横径 × 厚度为 2.61 厘米 ×2.66 厘米 ×2.40 厘米，单果重 10.74 克；果皮厚约 1.01 毫米，黄褐色，龟状纹较明显，瘤状突起明显，放射纹不明显；果肉肉厚，约 5.49 毫米，乳白色，半透明，汁液多，表面不流汁，易离核，肉质爽脆，化渣，味浓甜，可食率 64.78%，可溶性固形物含量 24.0% ～ 25.4%。种子赤褐色，扁圆形，种脐中等，呈椭圆形，种顶面观椭圆形，胎座束突起不明显，重 1.88 克。在广州成熟期为 7 月底。

评 价

生长势强，丰产性较差，果实品质特优，有香气，中熟。

核　　1cm

雌花

果实　　3cm

果实　　3cm

72. 实生1号

Shisheng 1

主要性状

实生优选单株。果穗长度 21 ～ 31 厘米，果穗宽度 11 ～ 19 厘米，穗果粒平均数 24。果实近圆形，果肩平广，果顶钝圆，果实中等大小，大小均匀，果实纵径 × 横径 × 厚度为 2.38 厘米 ×2.65 厘米 ×2.38 厘米，单果重 10.10 克；果皮厚约 0.42 毫米，黄褐色，龟状纹较明显，瘤状突起较明显，放射纹不明显；果肉厚约 3.41 毫米，黄白色，半透明，汁液多，表面流汁，易离核，肉质软韧，化渣，味甜，可食率 66.25%，可溶性固形物含量 17.5% ～ 21.7%。种子红褐色，近圆形，种脐中等，不规则形，种顶面观椭圆形，胎座束突起不明显，重 1.81 克。在广州成熟期为 7 月底。

评 价

生长势较弱，丰产性好，果实中熟，外观较好，品质中上。

结果状

开花状

果穗

核　　　1cm

花穗

果实　　　3cm

果实　　　3cm

73. 实生 2 号

Shisheng 2

主要性状

实生优选单株。果穗长度 26～38 厘米，果穗宽度 18～28 厘米，穗果粒平均数 30。果实近圆形，果肩平广，果顶钝圆，大小均匀，果实纵径 × 横径 × 厚度为 2.40 厘米 ×2.58 厘米 ×2.44 厘米，单果重 9.11 克；果皮厚约 0.62 毫米，青褐色，龟状纹不明显，瘤状突起较明显，放射纹不明显；果肉厚约 4.37 毫米，黄白色，半透明，汁液少，表面稍流汁，易离核，肉质软韧，化渣，味甜，可食率 67.80%，可溶性固形物含量 19.7%～20.9%。种子红色，扁圆形，种脐大，不规则形，种顶面观椭圆形，胎座束突起不明显，重 1.76 克。在广州成熟期为 8 月初。

评价

生长势较强，丰产性较好，果实品质中上，中熟。

结果状

果穗

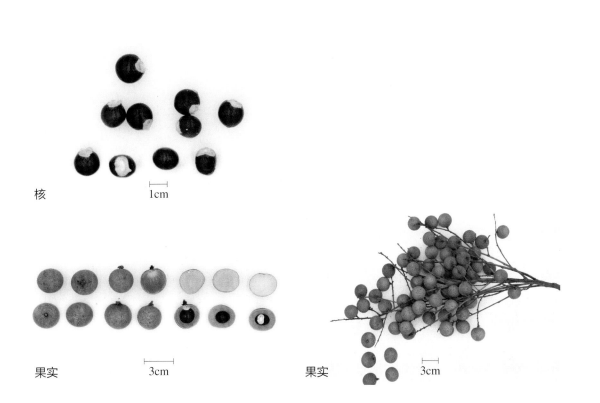

核 1cm

果实 3cm

果实 3cm

74. 广早 2 号

Guangzao 2

实生优选单株。果穗长度 20 ～ 28 厘米，果穗宽度 18 ～ 22 厘米，穗果粒平均数 35。果实歪心形，果肩双肩耸起，果顶钝圆，果实大，果实纵径 × 横径 × 厚度为 2.65 厘米 ×2.99 厘米 ×2.61 厘米，单果重 12.72 克；果皮厚约 0.80 毫米，黄褐色，龟状纹不明显，瘤状突起不明显，放射纹稍明显；果肉肉厚，约 5.96 毫米，黄白色，不透明，汁液多，表面稍流汁，易离核，肉质细软，化渣，味甜，不易裂果，可食率 68.69%，可溶性固形物含量 17.2% ～ 20.6%。种子红褐色，近圆形，种脐中等大小，长方形，种顶面观宽椭圆形，胎座束条状，重 1.72 克。在广州成熟期为 7 月上旬。

生长势较强，丰产性一般，果实早熟，外观好，品质中上。

结果状

花穗

果穗

核

3cm

雌花

果实

3cm

果穗

3cm

75. 广早3号

Guangzao 3

主要性状

实生优选单株。实扁圆形，果肩平广，果顶钝圆，果实大，大小均匀，果实纵径×横径×厚度为2.65厘米×2.96厘米×2.58厘米，单果重12.15克；果皮厚约0.74毫米，黄褐色，龟状纹不明显，瘤状突起不明显，放射纹明显；果肉肉厚，约5.87毫米，黄白色，不透明，汁液中等，表面稍流汁，易离核，肉质韧脆，较化渣，味甜，不易裂果，可食率66.73%，可溶性固形物含量21.6%～23.0%。种子红褐色，宽椭圆形，种脐小，长方形，种顶面观宽椭圆形，胎座束块状，重2.03克。在广州成熟期为7月上旬。

评 价

生长势较强，丰产性较差，果实早熟，外观好，品质中上。

结果状

果穗

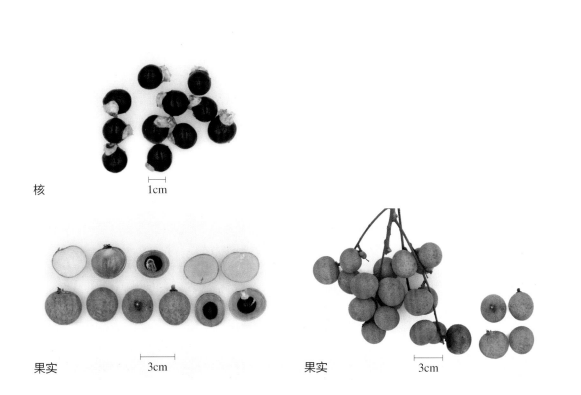

核 |—1cm—|

果实 |—3cm—|

果实 |—3cm—|

76. 广杂2号（桂花味）

Guangza 2

主要性状

杂交优选单株。果穗长度 31～43 厘米，果穗宽度 21～27 厘米，穗果粒平均数 23。果实近心形或扁圆形，果肩一边高一边低，果顶浑圆，大小均匀，果实纵径 × 横径 × 厚度为 2.56 厘米 ×2.78 厘米 ×2.53 厘米，单果重 10.77 克；果皮厚约 0.72 毫米，黄褐色，龟状纹不明显，瘤状突起较明显，放射纹明显；果肉厚约 4.47 毫米，黄白色，半透明，汁液多，表面不流汁，较易离核，肉质爽脆，味清甜，无香气，不易裂果，可食率 68.13%，可溶性固形物含量 19.6%～21.2%。种子赤褐色，扁圆形，种脐小，不规则形，种顶面观椭圆形，胎座束突起不明显，重 1.94 克。在广州成熟期为 8 月上旬。

评价

生长势较强，丰产、稳产性好，果实美观，品质中上，有桂花香气，是鲜食良种。

结果状

开花状

花穗

果穗

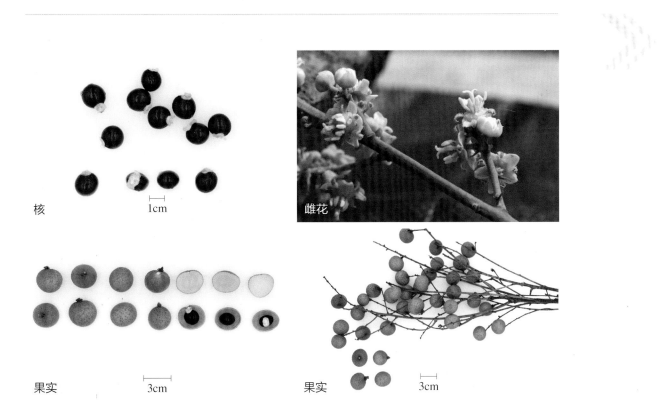

核 1cm

雌花

果实 3cm

果实 3cm

77. 广杂 3 号

Guangza 3

> **主要性状**

杂交优选单株。果实心脏形，果肩双肩耸起，果顶钝圆，果实特大，大小均匀，果实纵径×横径×厚度为 2.81 厘米×3.17 厘米×2.82 厘米，单果重 15.61 克；果皮厚约 0.65 毫米，黄褐色，龟状纹明显，瘤状突起不明显，放射纹不明显；果肉肉厚，约 6.85 毫米，乳白色，半透明，汁液多，表面不流汁，易离核，肉质韧脆，化渣，味淡甜，可食率 74.24%，可溶性固形物含量 17.0%～18.6%。种子赤褐色，不规则形，种脐中等，不规则形，种顶面观不规则形，胎座束条状，重 2.12 克。在广州成熟期为 7 月底。

> **评 价**

生长势较强，丰产性较好，果实中熟，果皮薄，可食率高，品质中等。

结果状

果穗

核

1cm

果实

3cm

果实

3cm

78. 广杂4号

Guangza 4

杂交优选单株。果穗长度 20～32 厘米，果穗宽度 15～21 厘米，穗果粒平均数 49。果实近圆形，果肩平广，果顶浑圆，果实小，大小均匀，果实纵径×横径×厚度为 2.04 厘米×2.32 厘米×2.09 厘米，单果重 6.24 克；果皮厚约 0.80 毫米，青褐色，龟状纹明显，瘤状突起较明显，放射纹较明显；果肉厚约 3.96 毫米，乳白色，不透明，汁液少，表面不流汁，易离核，肉质韧脆，化渣，味甜，可食率 61.79%，可溶性固形物含量 20.0%～22.2%。种子红褐色，扁圆形，种脐小，不规则形，种顶面观椭圆形，胎座束突起不明显，重 1.37 克。在广州成熟期为 7 月底。

生长势强，丰产性好，果实小，品质上等，可食率偏低，中熟。

结果状

果穗

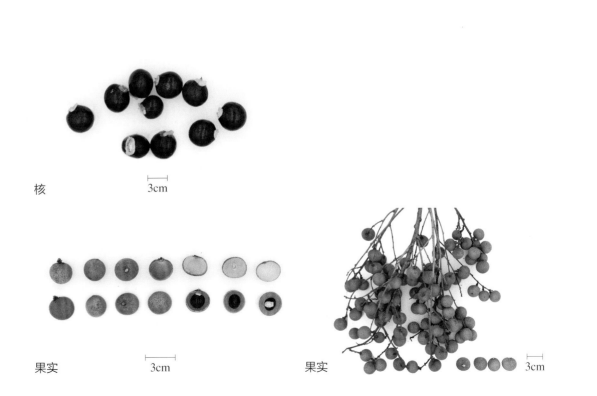

核 ├─┤ 3cm

果实 ├─┤ 3cm

果实 ├─┤ 3cm

79. 广杂 5 号

Guangza 5

主要性状

杂交优选单株。果实近圆形，果肩双肩耸起，果顶浑圆，果实大，大小均匀，果实纵径×横径×厚度为 2.60 厘米×2.92 厘米×2.67 厘米，单果重 12.58 克；果皮厚约 0.63 毫米，黄褐色，龟状纹明显，瘤状突起明显，放射纹不明显；果肉厚约 4.73 毫米，乳白色，不透明，汁液多，表面稍流汁，易离核，肉质软韧，较化渣，味甜，可食率 70.61%，可溶性固形物含量 21.1%～23.5%。种子红褐色，扁圆形，种脐中等，椭圆形，种顶面观椭圆形，胎座束突起不明显，重 2.06 克。在广州成熟期为 7 月底。

评 价

生长势中等，果实大，品质上等，果皮薄，中熟。

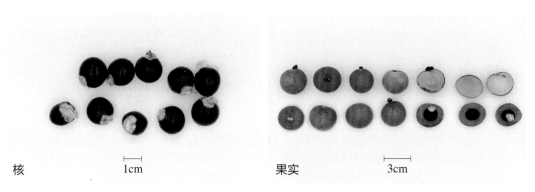

核　　　　1cm

果实　　　　3cm

果实　　　　　　　　　　　　　　　　3cm

80. 广杂 6 号

Guangza 6

主要性状

杂交优选单株。果实扁圆形，果肩双肩耸起，果顶浑圆，果实大，大小均匀，果实纵径×横径×厚度为 2.79 厘米 ×2.97 厘米 ×2.62 厘米，单果重 13.46 克；果皮厚约 0.74 毫米，棕褐色，龟状纹明显，瘤状突起及放射纹不明显；果肉厚约 4.58 毫米，乳白色，不透明，汁液多，表面流汁，易离核，肉质韧脆，化渣，味甜，可食率 66.07%，可溶性固形物含量 17.9% ～ 20.9%。种子红褐色，扁圆形，种脐中等，不规则形，种顶面观椭圆形，胎座束突起不明显，重 2.49 克。在广州成熟期为 7 月底。

评 价

生长势中等，果实大，品质中等，中熟。

核   1cm

花穗

果实   3cm

果实   3cm

81. 广杂 7 号

Guangza 7

主要性状

杂交优选单株。果实近圆形，双肩耸起，果顶浑圆，大小均匀，果实纵径 × 横径 × 厚度为 2.41 厘米 ×2.66 厘米 ×2.35 厘米，单果重 9.50 克；果皮厚约 0.77 毫米，灰黄褐色，龟状纹不明显，瘤状突起明显，放射纹不明显；果肉肉厚，约 5.00 毫米，乳白色，不透明，汁液多，表面不流汁，易离核，肉质韧脆，化渣，味浓甜，可食率 69.12%，可溶性固形物含量 19.9% ～ 21.9%。种子红褐色，不规则形，种脐小，不规则形，种顶面观不规则形，胎座束突起条状，重 1.57 克。在广州成熟期为 7 月底。

评　价

生长势较强，果实品质中上，可食率较高，中熟。

核　　1cm

果实　　3cm

果实　　3cm

82. 广杂 8 号

Guangza 8

杂交优选单株。果实扁圆形，果肩平广，果顶浑圆，大小均匀，果实纵径×横径×厚度为 2.37 厘米 ×2.63 厘米 ×2.36 厘米，单果重 8.56 克；果皮厚约 0.63 毫米，黄褐色，龟状纹不明显，瘤状突起明显，放射纹不明显；果肉肉厚，约 5.22 毫米，黄白色，不透明，汁液少，表面不流汁，易离核，肉质细嫩，化渣，味甜，不易裂果，可食率 64.62%，可溶性固形物含量 21.9% ～ 23.7%。种子红褐色，扁圆形，种脐小，长椭圆形，种顶面观椭圆形，胎座束突起条状，重 1.62 克。在广州成熟期为 8 月初。

评　价

果实品质上等，肉质细嫩，口感好，中熟。

核　　　　1cm

雌花

果实　　　　3cm

果实　　　　3cm

159

83. 广杂9号

Guangza 9

主要性状

杂交优选单株。果穗长度29～43厘米，果穗宽度16～22厘米，穗果粒平均数41。果实侧扁圆形，果肩平广，果顶浑圆，大小均匀，果实纵径×横径×厚度为2.63厘米×3.02厘米×2.59厘米，单果重12.44克；果皮厚约0.66毫米，黄褐色，龟状纹明显，瘤状突起明显，放射纹不明显；果肉肉厚，约5.25毫米，黄白色，半透明，汁液多，表面流汁，较易离核，肉质软韧，不化渣，味甜，不易裂果，可食率71.15%，可溶性固形物含量17.7%～22.3%。种子赤褐色，扁圆形，种脐中等，不规则形，种顶面观椭圆形，胎座束突起条状，重1.9克。在广州成熟期为8月初。

评 价

生长势强，丰产性好，果穗成穗性较好，果实品质中上，中熟。

结果状

花穗

果穗

核　　　　|—1cm—|

雌花

果实　　　|—3cm—|

果实　　　|—3cm—|

84. 广杂 10 号

Guangza 10

主要性状

杂交优选单株。果穗长度 28～36 厘米，果穗宽度 12～20 厘米，穗果粒平均数 18。果实近圆形，果肩平广，果顶浑圆，大小均匀，果实纵径 × 横径 × 厚度为 2.51 厘米 ×2.69 厘米 ×2.52 厘米，单果重 10.21 克；果皮厚约 0.58 毫米，黄褐色，龟状纹明显，瘤状突起明显，放射纹不明显；果肉厚约 4.81 毫米，黄白色，半透明，汁液中等，表面稍流汁，较易离核，肉质软韧，较化渣，味甜，可食率 68.63%，可溶性固形物含量 19.8%～22.8%。种子红褐色，近圆形，种脐小，不规则形，种顶面观椭圆形，胎座束突起条状，重 1.79 克。在广州成熟期为 8 月上旬。

评　价

果实品质上等，外观差，中熟。

核　　　　　　　　1cm　　　　　果实　　　　　　　3cm

果实　　　　　　　　　　　　　3cm

85. 广杂 11 号

Guangza 11

主要性状

杂交优选单株。果实扁圆形，果肩平广，果顶钝圆，大小均匀，果实纵径 × 横径 × 厚度为 2.49 厘米 × 2.29 厘米 × 2.72 厘米，单果重 9.36 克；果皮厚约 0.75 毫米，灰黄褐色，龟状纹明显，瘤状突起较明显，放射纹不明显；果肉肉厚，约 4.91 毫米，黄白色，不透明，汁液中等，表面稍流汁，较易离核，肉质稍脆，化渣，味甜，可食率 65.13%，可溶性固形物含量 19.6% ～ 23.2%。种子红褐色，近圆形，种脐中等，近圆形，种顶面观椭圆形，胎座束突起块状，重 1.61 克。在广州成熟期为 8 月上旬。

评　价

果实品质上等，外观较差，中熟。

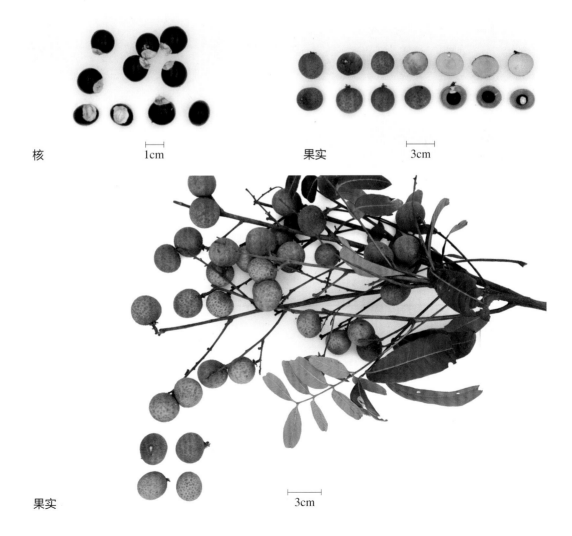

核　　　　　1cm　　　　　果实　　　　　3cm

果实　　　　　　　　　　3cm

163

86. 广杂 12 号

Guangza 12

主要性状

杂交优选单株。果穗长度 22 ～ 28 厘米，果穗宽度 16 ～ 20 厘米，穗果粒平均数 38。果实扁圆形，果肩平广，果顶钝圆，大小均匀，果实纵径 × 横径 × 厚度为 2.42 厘米 ×2.56 厘米 ×2.10 厘米，单果重 8.59 克；果皮厚约 0.59 毫米，青褐色，龟状纹明显，瘤状突起明显，放射纹不明显；果肉厚约 4.74 毫米，黄白色，不透明，汁液多，表面不流汁，易离核，肉质爽脆，化渣，味甜，可食率 71.07%，可溶性固形物含量 18.3% ～ 21.1%。种子红褐色，扁圆形，种脐大，不规则形，种顶面观椭圆形，胎座束突起条状，重 1.39 克。在广州成熟期为 8 月初。

评 价

果实品质中上，外观较差，中熟。

核　　　　　　1cm　　　　　　果实　　　　　　3cm

果实　　　　　　3cm

87. 广杂 13 号

Guangza 13

主要性状

杂交优选单株。果穗长度 23 ～ 35 厘米，果穗宽度 16 ～ 28 厘米，穗果粒平均数 30。果实心脏形，果肩平广，果顶浑圆，大小均匀，果实纵径×横径×厚度为 2.68 厘米 ×2.99 厘米 ×2.65 厘米，单果重 13.15 克；果皮厚约 0.52 毫米，青褐色，龟状纹不明显，瘤状突起明显，放射纹不明显；果肉肉厚，约 6.50 毫米，黄白色，半透明，汁液多，表面稍流汁，较易离核，肉质软韧，较化渣，味甜，可食率 72.59%，可溶性固形物含量 19.2% ～ 21.2%。种子红褐色，扁圆形，种脐中等，不规则形，种顶面观椭圆形，胎座束突起条状，重 2.02 克。在广州成熟期为 8 月初。

评价

果大，果实品质上等，外观较好，可食率高，中熟。

核　　　1cm

开花状

果实　　　3cm

果实　　　3cm

165

88. 广杂 14 号

Guangza 14

主要性状

杂交优选单株。果实扁圆形，果肩平广，果顶钝圆，大小均匀，果实纵径 × 横径 × 厚度为 2.51 厘米 ×2.88 厘米 ×2.46 厘米，单果重 11.36 克；果皮厚约 0.65 毫米，黄褐色，龟状纹不明显，瘤状突起不明显，放射纹较明显；果肉肉厚，约 5.95 毫米，黄白色，不透明，汁液中等，表面不流汁，易离核，肉质脆韧，较化渣，味甜，可食率 70.86%，可溶性固形物含量 19.2% ～ 21.4%。种子红褐色，近圆形，种脐小，椭圆形，种顶面观椭圆形，胎座束突起块状，重 1.7 克。在广州成熟期为 8 月中旬。

评　价

果实品质上等，外观较差，中熟。

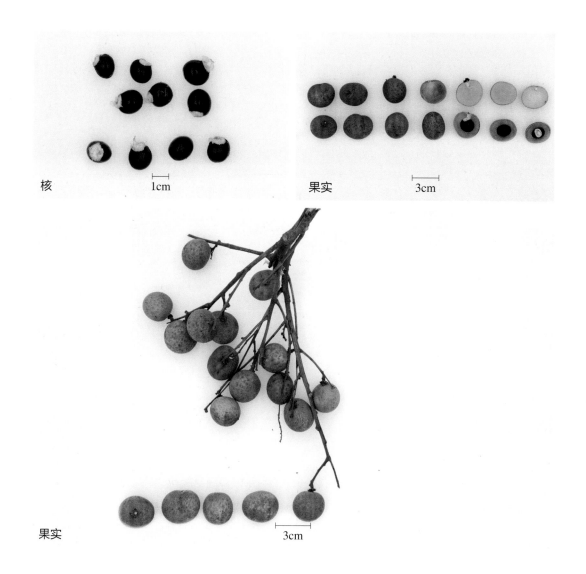

核　　　　1cm

果实　　　　3cm

果实　　　　3cm

89. 广杂 15 号

Guangza 15

主要性状

杂交优选单株。果穗长度 25 ～ 37 厘米，果穗宽度 15 ～ 23 厘米，穗果粒平均数 16。果实扁圆形，果肩平广，果顶浑圆，大小均匀，果实纵径 × 横径 × 厚度为 2.83 厘米 ×2.99 厘米 ×2.61 厘米，单果重 13.59 克；果皮厚约 0.91 毫米，黄褐色，龟状纹不明显，瘤状突起及放射纹较明显；果肉肉厚，约 5.74 毫米，黄白色，不透明，汁液多，表面稍流汁，易离核，肉质脆韧，化渣，味甜，可食率 66.39%，可溶性固形物含量 17.4% ～ 20.4%。种子红褐色，扁圆形，种脐中等，椭圆形，种顶面观椭圆形，胎座束突起块状，重 1.88 克。在广州成熟期为 8 月中旬。

评价

果较大，果实品质中上，外观较差，中熟。

核　　　　1cm

果实　　　　3cm

果实　　　　3cm

167

90. 广杂 16 号

Guangza 16

主要性状

杂交优选单株。果实近圆形，果肩双肩耸起，果顶钝圆，大小均匀，果实纵径 × 横径 × 厚度为 2.71 厘米 ×3.01 厘米 ×2.59 厘米，单果重 12.41 克；果皮厚约 0.59 毫米，青褐色，龟状纹及放射纹不明显，瘤状突起较明显；果肉肉厚，约 5.43 毫米，黄白色，不透明，汁液少，表面不流汁，易离核，肉质软韧，化渣，味浓甜，可食率 74.41%，可溶性固形物含量 20.7% ～ 22.9%。种子红色，近圆形，种脐小，椭圆形，种顶面观椭圆形，胎座束突起块状，重 1.72 克。在广州成熟期为 8 月中旬。

评 价

果较大，果实品质上等，可食率高，外观较差，中熟。

核　　　1cm

果实　　　3cm

果实　　　3cm

91. 广杂17号

Guangza 17

杂交优选单株。果穗长度18～34厘米，果穗宽度17～25厘米，穗果粒平均数32。果实扁圆形，果肩一边高一边低，果顶钝圆，大小均匀，果实纵径×横径×厚度为2.34厘米×2.50厘米×2.24厘米，单果重8.12克；果皮厚约0.98毫米，黄褐色，龟状纹、瘤状突起及放射纹均不明显；果肉厚约3.58毫米，黄白色，半透明，汁液中等，表面不流汁，易离核，肉质脆韧，化渣，味甜，可食率63.85%，可溶性固形物含量17.0%～20.0%。种子红褐色，不规则形，种脐大，椭圆形，种顶面观椭圆形，胎座束突起块状，重1.39克。在广州成熟期为8月中下旬。

评 价

果穗成穗性较好，果实品质中等，较迟熟。

开花状

花穗

核   1cm

雌花

果实   3cm

果实   3cm

92. 广杂18号

Guangza 18

主要性状

杂交优选单株。果穗长度22～28厘米，果穗宽度15～19厘米，穗果粒平均数37。果实心脏形，果肩平广，果实小，果顶浑圆，大小均匀，果实纵径×横径×厚度为2.31厘米×2.68厘米×2.49厘米，单果重9.47克；果皮厚约0.68毫米，黄褐色，龟状纹不明显，瘤状突起不明显，放射纹较明显；果肉肉厚，约5.32毫米，乳白色，半透明，汁液少，表面不流汁，易离核，肉质韧脆，化渣，味浓甜，香气淡，不易裂果，可食率65.25%，可溶性固形物含量20.8%～23.8%。种子赤褐色，扁圆形，种脐小，呈不规则形，种顶面观椭圆形，胎座束突起不明显，重1.73克。在广州成熟期为7月底。

评 价

生长势较强，果穗成穗性好，果实中熟，外观好，品质上等。

结果状

果穗

核   1cm

雌花

果实   3cm

果实   3cm

93. 广杂19号

Guangza 19

杂交优选单株。果穗长度 28～42 厘米，果穗宽度 15～23 厘米，穗果粒平均数 28。果实扁圆形，果肩双肩耸起，果顶钝圆，果实小，大小均匀，果实纵径×横径×厚度为 2.46 厘米×2.60 厘米×2.45 厘米，单果重 9.38 克；果皮厚约 0.65 毫米，黄褐色，龟状纹较明显，瘤状突起及放射纹不明显；果肉厚约 4.77 毫米，乳白色，不透明，汁液中等，表面不流汁，易离核，肉质韧脆，化渣，味浓甜，较易裂果，可食率 68.65%，可溶性固形物含量 22.4%～23.4%。种子红褐色，扁圆形，种脐中等，不规则形，种顶面观椭圆形，胎座束突起不明显，重 1.67 克。在广州成熟期为 7 月底。

生长势强，丰产性较好，果实中熟，品质上等。

结果状

果穗

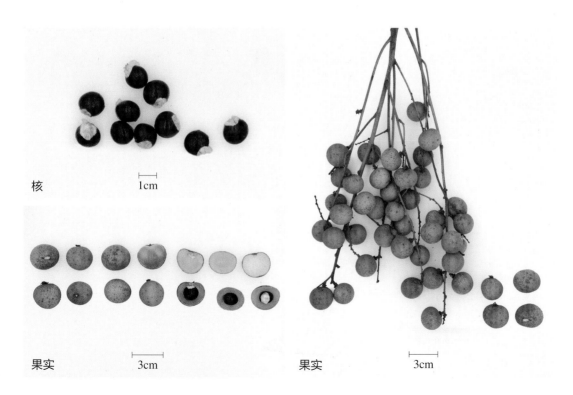

核 |—1cm

果实 |—3cm

果实 |—3cm

174

参考文献

潘学文，唐小浪，2006．龙眼品种图谱 [M]．广州：广东科技出版社．

农业部，2011．农作物优异种质资源评价规范　龙眼：NY/T 2022-2011[S]．北京：中国农业出版社．